Réussir l'examen d'entrée
au secondaire

écoles privées – écoles internationales

marceldidier

Réussir l'examen d'entrée au secondaire

écoles privées – écoles internationales

3e édition revue et augmentée

Pierrette Tranquille
Françoise Tchou

marcel**didier**

Catalogage avant publication de Bibliothèque et Archives nationales du Québec et Bibliothèque et Archives Canada

Tranquille, Pierrette

Réussir l'examen d'entrée au secondaire: écoles privées, écoles internationales

3e éd. rev. et augm.
Pour les élèves du niveau primaire.

ISBN 978-2-89144-436-1

1. Écoles secondaires - Examens d'entrée - Guides de l'étudiant. 2. Écoles internationales - Examens d'entrée - Guides de l'étudiant. 3. Écoles privées - Examens d'entrée - Guides de l'étudiant. 4. Écoles secondaires - Québec (Province) - Examens d'entrée - Guides de l'étudiant. I. Tchou, Françoise. II. Titre.

LB3060.24.T72 2007   373.126'2   C2007-940861-3

Ouvrage conçu et dirigé par Michel Brindamour
Conseiller pédagogique: Martin Betts
Révision linguistique: Christine Barozzi
Conception et réalisation intérieur: Andréa Joseph [PageXpress]
Conception et réalisation couverture: Kinos
Responsable éditoriale: Corinne Audinet

Marcel Didier inc. 1815, avenue De Lorimier,
Montréal (Québec) H2K 3W6 Canada

Téléphone: (514) 523-1523
Télécopieur: (514) 523-9969
www.marceldidier.com

Distribution Canada: Hurtubise HMH
Distribution France: Librairie du Québec à Paris • www.librairieduquebec.fr

Nous reconnaissons l'aide financière du gouvernement du Canada par l'entremise du Programme d'aide au développement de l'industrie de l'édition (PADIÉ) pour nos activités d'édition.

ISBN 978-2-89144-436-1

Dépôt légal – 3e trimestre 2007
Bibliothèque et Archives nationales du Québec
Bibliothèque et Archives du Canada

Imprimé au Canada (réimpression mai 2008)

Sommaire

Présentation

Comment utiliser ce livre

Réussir l'examen d'entrée au secondaire est une révision des quatre matières qui peuvent faire l'objet d'une évaluation: le français, la mathématique, la culture générale et les habiletés logiques. À l'exception de la production écrite, nous avons choisi de présenter cette révision sous forme de questions à choix de réponses, puisque c'est sous cette forme que se présentent les examens d'admission. Ainsi, l'enfant se familiarisera avec le type de questions posées à l'examen. Au chapitre de la production écrite, des exercices et des explications lui permettront de maîtriser toutes les étapes de la rédaction d'un texte.

Pour que cet ouvrage atteigne son objectif, il est conseillé de commencer la révision environ deux mois avant la date de l'examen. L'enfant pourrait, par exemple, étudier chaque jour pendant trois quarts d'heure (ou répondre à une vingtaine de questions), cinq jours par semaine. Il est essentiel que l'enfant vérifie lui-même ses réponses et lise attentivement les explications données dans le corrigé.

Lorsque les parents le jugeront nécessaire ou lorsque l'enfant se sentira prêt, il pourra faire une répétition générale, grâce à l'examen modèle détachable à la fin de ce livre.

L'examen modèle

Les auteures proposent un examen modèle qui comprend 180 questions (50 en français, 30 en mathématique, 50 en culture générale, 50 en habiletés logiques) et une production écrite (**au choix,** un texte descriptif ou un texte narratif). Une fois complété en temps réel par l'enfant, sous la surveillance étroite des parents, l'examen peut être envoyé pour correction à la maison d'édition (lire les consignes à ce sujet à la page 137). Au terme d'un délai raisonnable, qui peut varier de deux à trois semaines, les parents recevront les résultats par matière, le corrigé complet de l'examen et, si cela s'avère nécessaire, des commentaires sur les éléments que leur enfant devrait revoir avant de se présenter à l'examen réel.

Les 10 questions le plus souvent posées par les parents

Entre la décision d'inscrire un enfant dans une école privée ou internationale et son admission définitive, il reste une étape cruciale à franchir – l'examen d'entrée. Une étape qui suscite chez bien des parents de vives inquiétudes et de nombreuses interrogations. Avec l'aide de responsables d'admission, nous avons tenté de répondre aux questions qui reviennent le plus souvent de la part des parents.

1. **Est-ce une bonne chose que l'enfant se présente à plusieurs écoles, donc à plusieurs examens d'admission?**

   Pour des élèves qui réussissent bien à l'école, ce n'est certainement pas nécessaire. Cependant, pour les élèves qui ne sont pas habitués à passer des examens, ceux qui viennent du secteur alternatif, par exemple, cela peut être un excellent exercice pour se familiariser avec des examens, avec ce genre d'examen et ces types de questions.

2. **Est-ce seulement le profil intellectuel de l'enfant qui intéresse les écoles?**

   Il existe des écoles qui recherchent un profil particulier chez les candidats (sportif, artistique ou autre), mais en général, c'est le profil intellectuel de l'enfant qui est évalué.

3. Quelles matières sont évaluées dans les examens d'admission ?

Pour les écoles francophones, le français est un élément très important. Ainsi, toutes les écoles demandent une production écrite. Mais la plupart des écoles ajoutent à la production écrite un examen objectif – c'est-à-dire à choix de réponses – qui comporte quatre volets: français, mathématique, culture générale et habiletés logiques (parfois appelées aptitudes à poursuivre des études secondaires).

4. L'examen porte-t-il sur le programme de 5ᵉ année ou de 6ᵉ année ?

Les examens d'admission ont lieu généralement pendant l'automne, quand les élèves commencent leur 6ᵉ année. Ils portent donc sur le programme de 5ᵉ année du ministère de l'Éducation du Québec.

5. Comment améliorer la rapidité de mon enfant à répondre à des centaines de questions en peu de temps ?

N'exagérons pas l'importance de la rapidité. Un élève qui, sur 100 questions, répond à 60 questions, et qui en a 55 bonnes, sera probablement mieux noté qu'un élève qui répond à toutes les questions, et qui en a, lui aussi, 55 bonnes. Cela dit, en chronométrant l'examen, les écoles veulent tout simplement savoir si l'enfant est capable de suivre le groupe avec lequel il sera appelé à poursuivre ses études secondaires. La première consigne à suivre à l'examen est celle-ci: travaille bien, mais travaille plutôt rapidement. Un seul conseil à donner à son enfant pour être plus rapide: si tu ne connais pas la réponse à une question, passe tout de suite à la suivante, quitte à revenir plus tard à celle qui te bloque.

6. Comment améliorer la culture générale de mon enfant ?

On ne peut pas améliorer la culture générale d'un enfant en quelques mois ou en quelques semaines, encore moins la veille de l'examen. La culture générale, c'est ce que l'on a appris durant toute sa vie. La lecture est le chemin naturel vers la culture. Un enfant qui lit ne rencontre généralement pas de problème dans ce volet de l'examen. Les parents, en ce domaine, ont une très grande responsabilité. Identifiez assez tôt, vers l'âge de 6 ou 7 ans, quels sont les principaux champs d'intérêt de votre enfant et essayez par toutes sortes de stratagèmes, par la ruse si nécessaire, de les élargir en éveillant sa curiosité à d'autres sujets. S'il aime surtout le sport, par exemple, emmenez-le au cinéma, au théâtre, au musée, au zoo, au planétarium, à l'insectarium…

7. Comment sont évalués les enfants ?

Le premier critère de sélection est l'examen d'admission. L'élève doit obtenir la note de passage pour chacun des quatre volets de l'examen et pour la production écrite. Cette note peut varier de 60 à 70 %, selon les écoles.

Le deuxième critère est le dossier scolaire, le bulletin de l'élève.

Le troisième critère est le comportement – critère dont on ne parle pas très souvent, mais qui est très important. Si l'on détecte chez l'élève un problème de comportement (dans le bulletin ou même lors de l'examen d'admission), il y a de grandes chances qu'il soit refusé.

8. Pénalise-t-on de la même façon une absence de réponse et une réponse fautive ?

Normalement, une mauvaise réponse n'est pas plus pénalisée qu'une absence de réponse. Mais si c'est le cas, cela est toujours précisé dans la consigne de l'examen. On veut ainsi encourager l'enfant à ne pas répondre s'il ne connaît pas la réponse. S'il n'y a pas de consigne claire à ce sujet, un conseil: dites à votre enfant de prendre un risque, quitte à se tromper.

9. Comment éviter de stresser mon enfant le jour de l'examen ?

Le stress fait partie intégrante de l'examen. Il ne faut pas l'éviter, mais le contrôler. Bien souvent, ce ne sont pas les enfants qui sont les plus stressés, mais plutôt les parents, et ceux-ci communiquent leur stress à leur enfant.

– Arrêtez de lui dire le jour de l'examen: «Fais ceci, fais cela, ne fais pas ceci, ne fais pas cela, n'oublie pas ceci, n'oublie pas cela…»

– Ne le faites pas arriver trop en avance à l'examen, une demi-heure suffit.

– Un sourire, une petite tape dans le dos: «Vas-y, tout ira bien!»

10. Que faire si mon enfant est refusé ?

Si l'école accepte 200 élèves et qu'il y a 500 demandes d'admission il y aura forcément 300 déceptions. Si votre enfant est refusé, il ne faut surtout pas en faire un drame, car ce n'est pas un drame. Demandez aux responsables des admissions les résultats de chaque volet de l'examen (français, production écrite, mathématique, culture générale, habiletés logiques) pour connaître les faiblesses de votre enfant. Tout au long de la prochaine année scolaire, faites-le travailler sur ses faiblesses*, puis inscrivez-le aux examens d'admission en 2e secondaire.

---

* Pour le français et la mathématique: *Réussis ta 6e année!*, Marcel Didier inc.
Pour la production écrite: *Par écrit!*, Marcel Didier inc.

Français

Grammaire, orthographe, vocabulaire

> Pour chaque question, entoure la lettre correspondant à la bonne réponse. Le corrigé est à la page 75.

1 Vrai ou faux?
Un nom propre peut être un groupe du nom.
a) vrai
b) faux

2 *Ce gâteau aux carottes est trop cuit.*
Dans cette phrase, quel est le noyau du groupe du nom?
a) gâteau
b) carottes
c) cuit

3 Vrai ou faux?
Dans la phrase suivante, les mots soulignés sont un groupe du nom.
La femme qui est assise sous cet arbre s'appelle Estelle.
a) vrai
b) faux

4 *Mon amie Jeanne et son frère élèvent des perruches.*
Dans cette phrase, le groupe sujet est:
a) Mon amie Jeanne et son frère;
b) élèvent des perruches;
c) Mon amie;
d) Jeanne et son frère.

5 *Le visage de l'inconnu était rouge de colère.*
Dans cette phrase, les mots soulignés sont:
a) le groupe sujet;
b) le groupe du verbe;
c) le complément direct;
d) le complément de phrase.

6 Vrai ou faux?
Dans la phrase suivante, le groupe sujet est un verbe à l'infinitif.
Chanter rend joyeux.
a) vrai
b) faux

7 *Que fait ce chien sur le canapé?*
Dans cette phrase, les mots soulignés sont:
a) le groupe sujet;
b) le groupe du verbe;
c) le complément direct;
d) le complément de phrase.

8 *Le chien de Paul et Félix jappe sans arrêt.*
Dans cette phrase, le noyau du groupe sujet est:
a) Félix;
b) Paul et Félix;
c) chien.

9 *Crois-tu ce qu'ils nous ont dit?*
Dans cette phrase, les deux groupes sujets sont:
a) *tu* et *nous*;
b) *tu* et *ce*;
c) *ils* et *nous*;
d) *tu* et *ils*.

10 Comment appelle-t-on une phrase qui exprime une vive émotion?
a) déclarative
b) interrogative
c) impérative
d) exclamative

11 Avec tous les mots suivants, quelle phrase interrogative peut-on former?

elles comment leur girafes les attrapent nourriture

a) Comment les girafes elles attrapent leur nourriture?

b) Comment les girafes attrapent-elles leur nourriture?

c) Comment les girafes attrapent-elles la nourriture?

d) Comment elles attrapent leur nourriture les girafes?

12 *Comment ferai-je pour résoudre ce problème?*

La phrase ci-dessus est:

a) déclarative;

b) interrogative;

c) impérative;

d) exclamative.

13 Comment appelle-t-on une phrase qui exprime un ordre?

a) impérative

b) exclamative

c) interrogative

d) déclarative

14 Quelle phrase est à la forme positive?

a) Viens-tu?

b) Tu ne viens pas.

c) Pourquoi ne viens-tu pas?

d) Ne viens pas.

15 *Émilie leur a raconté toute l'histoire.*

Dans cette phrase, les mots soulignés sont:

a) le groupe sujet;

b) le groupe du verbe;

c) le complément direct;

d) le complément de phrase.

16 *Nous vous avons préparé une bonne tarte aux bleuets.*

Dans cette phrase, les mots soulignés sont:

a) l'attribut;

b) le complément direct;

c) le complément indirect;

d) le complément de phrase.

17 *Tout le monde le regardait.*
Dans cette phrase, le mot souligné est:

a) l'attribut;

b) le complément direct;

c) le complément indirect;

d) le complément de phrase.

18 *J'ai tout raconté à mon frère.*

Dans cette phrase, les mots soulignés sont:

a) l'attribut;

b) le complément direct;

c) le complément indirect;

d) le complément de phrase.

19 *Dimanche prochain, Jérémie va à Rimouski.*

Dans cette phrase, le mot souligné est:

a) l'attribut;

b) le complément direct;

c) le complément indirect;

d) le complément de phrase.

20 *Capucine parle de son voyage.*

Dans cette phrase, les mots soulignés sont:

a) l'attribut;

b) le complément direct;

c) le complément indirect;

d) le complément de phrase.

21 *Un habitant du village lui montre le chemin.*
Dans cette phrase, quel est le complément indirect?

a) Un habitant

b) du village

c) lui

d) le chemin

22 *La vieille dame me parle de son enfance.*
Dans cette phrase, le mot souligné est:

a) l'attribut;

b) le complément direct;

c) le complément indirect;

d) le complément de phrase.

23 *La vieille femme paraissait perdue.*
Dans cette phrase, le mot souligné est:

a) l'attribut;

b) le complément direct;

c) le complément indirect;

d) le complément de phrase.

24 Parmi les quatre verbes suivants, lequel n'est pas attributif?

a) sembler

b) devenir

c) demeurer

d) disparaître

25 *Nous irons au musée mardi.*
Dans cette phrase, le mot souligné est:

a) le complément direct;

b) le complément indirect;

c) le complément de phrase;

d) l'attribut.

26 Vrai ou faux?

Un complément de phrase peut être déplacé et supprimé.

a) vrai

b) faux

27 Laquelle de ces phrases ne contient aucune faute?

a) Dans toute la forêt résonnait les hurlements du loup.

b) Dans toute la forêt résonnai les hurlements du loup.

c) Dans toute la forêt résonnaient les hurlements du loup.

28 Lequel des groupes du verbe suivants complète la phrase?

C'est moi qui...

a) ... est arrivé le premier.

b) ... suis arrivé le premier.

c) ... es arrivé le premier.

29 Lequel des groupes du verbe suivants complète la phrase?

Sacha, Sarah et toi...

a) ... chante à l'unisson.

b) ... chantes à l'unisson.

c) ... chantez à l'unisson.

d) ... chantent à l'unisson.

30 Si le groupe sujet est « Toi et moi », le verbe se met:

a) à la 1re personne du singulier;

b) à la 1re personne du pluriel;

c) à la 2e personne du singulier;

d) à la 2e personne du pluriel.

31 Vrai ou faux?

Lorsque le pronom relatif **qui** est sujet du verbe, celui-ci est toujours à la 3e personne du singulier.

a) vrai

b) faux

32 Quel verbe conjugué complète la phrase?

Je les _____ chuchoter dans mon dos.

a) entendais

b) entendait

c) entendaient

33 Quel verbe est bien accordé?

a) Tout le monde sont arrivés en avance.

b) Tout le monde sont arrivé en avance.

c) Tout le monde est arrivé en avance.

34 Quel est le genre des mots suivants?

autobus – avion – éclair – orage – asphalte

a) masculin

b) féminin

35 Lequel des mots suivants est masculin?

a) agrafe

b) ancre

c) indice

d) équerre

36 Quel est le féminin de l'adjectif **secret**?

a) secrete

b) secrette

c) secrète

37 Quel mot féminin est mal écrit?

a) éternelle

b) pharmacienne

c) champione

d) pareille

38 Quel est le féminin de l'adjectif **muet**?

a) muete

b) muette

c) muète

39 Lequel des mots suivants se termine par -**teuse** au féminin?

a) porteur

b) imitateur

c) organisateur

d) producteur

40 Lequel des mots suivants prend un -**e** au féminin?

a) moqueur

b) curieux

c) mineur

d) joyeux

41 Trouve la faute.

a) courtisane

b) paysane

c) faisane

d) sultane

42 Trouve l'erreur.

a) banals

b) fatals

c) natals

d) totals

43 Dans une des listes suivantes, tous les mots prennent un **x** au pluriel. Laquelle?

a) tuyau, landau, château, moineau

b) sarrau, étau, ciseau, seau

c) lieu, pneu, jeu, bleu

d) noyau, traîneau, adieu, feu

44 Dans une des listes suivantes, tous les mots prennent un **x** au pluriel. Laquelle?

a) bijou, caillou, chou, fou

b) bijou, caillou, chou, pou

c) bijou, caillou, chou, mou

d) bijou, caillou, chou, sou

45 Lequel des noms suivants prend un **s** au pluriel?

a) corail

b) soupirail

c) vitrail

d) éventail

46 Quel est le pluriel de **chou-fleur**?

a) chou-fleur

b) chou-fleurs

c) choux-fleurs

d) choux-fleur

47 Quel nombre est bien orthographié?

a) quatre cent

b) quatre cents

c) quatre cents deux

48 Quelle est l'orthographe du nombre 82 ?

a) quatre vingt deux

b) quatre-vingt-deux

c) quatre-vingts-deux

49 Dans la phrase suivante, quel mot du groupe sujet contient une faute ?

Ce matin, un très belle arbre est tombé dans ma cour.

a) un

b) très

c) belle

d) arbre

50 Dans la phrase suivante, quel mot contient une faute ?

Quel mouche l'a piqué ?

a) Quel

b) mouche

c) a

d) piqué

51 Complète le groupe du nom.

Des foulards…

a) … vert foncé

b) … verts foncé

c) … verts foncés

d) … vert foncés

52 Si les élèves sont des filles et des garçons, quelle phrase ne contient pas de faute ?

a) Exténués et ravis, les élèves célébraient la victoire en chantant.

b) Exténuées et ravies, les élèves célébraient la victoire en chantant.

c) Exténué et ravi, les élèves célébraient la victoire en chantant.

53 Quelle phrase ne contient pas de faute ?

a) J'ai un panier de bleuets bien pleins.

b) J'ai un panier de bleuets bien plein.

c) J'ai un panier de bleuet bien plein.

54 Quel mot complète la phrase ?

Camille est revenue le genou et la cheville…

a) … blessé.

b) … blessés.

c) … blessée.

d) … blessées.

55 Quel mot termine la phrase ?

Cette casquette est trop…

a) … chère.

b) … cher.

c) … chers.

d) … chères.

56 *Ces élèves sont punies.*

Les élèves sont des filles ou des garçons ?

a) des filles

b) des garçons

57 Quelle phrase ne contient pas d'erreur ?

a) Mes petites sœurs sont parti hier soir.

b) Mes petites sœurs sont partie hier soir.

c) Mes petites sœurs sont partis hier soir.

d) Mes petites sœurs sont parties hier soir.

58 Quel mot complète la phrase ci-dessous ?

Ces garçons me paraissent…

a) … fatigué.

b) … fatigués.

c) … fatiguée.

d) … fatiguées.

59 *Dominique est fière.*

Dans cette phrase, le sujet est-il masculin ou féminin ?

a) masculin

b) féminin

60 Lequel des mots suivants est un adverbe ?

a) abonnement

b) éloignement

c) déplacement

d) joyeusement

61 Vrai ou faux?

Qui, **que**, **dont**, **où** sont des pronoms relatifs.

a) vrai

b) faux

62 Vrai ou faux?

Ce, **c'**, **cela**, **ceci**, **celui**, **celle**, **ceux** sont des pronoms possessifs.

a) vrai

b) faux

63 **Le sien**, **la sienne**, **le nôtre**, **le vôtre** sont des pronoms:

a) personnels;

b) indéfinis;

c) possessifs;

d) démonstratifs.

64 *Je me suis endormi en lisant <u>ce</u> livre.*

Dans cette phrase, le mot souligné est:

a) un pronom;

b) un déterminant.

65 Parmi les mots ci-dessous, lequel peut être un pronom ou un déterminant?

a) tu

b) les

c) celle

d) se

66 *Jeanne et moi chanterons une berceuse.*

Dans cette phrase, quel pronom personnel pourrait remplacer *Jeanne et moi*?

a) Nous

b) Vous

c) Ils

d) Elles

67 Dans la phrase suivante, quel pronom remplace les mots soulignés?

Prends ma main, je prendrai <u>la main de Miléna.</u>

a) celle

b) la sienne

c) celle-là

68 *Nous jouions au hockey sur le lac.*

Le verbe *jouer* est à:

a) l'indicatif imparfait;

b) l'indicatif passé composé;

c) l'indicatif futur simple;

d) l'indicatif passé simple.

69 Quelle terminaison convient?

Si tu voulais, je recommenc….

a) -erai

b) -erais

c) -e

d) -ai

70 Quelle est la 3ᵉ personne du singulier du verbe *avoir* au passé composé?

a) Il a eu

b) Il a été

c) Il eut

71 Quel verbe conjugué complète la phrase?

Si j'_____ su, je serais parti plus tôt.

a) aurais

b) aurait

c) avais

d) avait

72 *Ils arrivèrent très en avance.*

Le verbe *arriver* est à:

a) l'indicatif imparfait;

b) l'indicatif passé composé;

c) l'indicatif futur simple;

d) l'indicatif passé simple.

73 *Il faut que nous <u>chantions</u> cette mélodie.*

Le verbe souligné est conjugué:

a) à l'indicatif présent;

b) à l'indicatif imparfait;

c) au subjonctif présent;

d) à l'indicatif conditionnel présent.

74 J'attends que tu... ton souper.

Complète la phrase par le verbe *finir* au subjonctif présent.

a) finis

b) finissais

c) finisses

d) finiras

75 Quelle phrase ne contient pas d'erreur?

a) Finie ta phrase.

b) Finit ta phrase.

c) Finis ta phrase.

d) Fini ta phrase.

76 Quelle est la 2ᵉ personne du singulier du verbe *aller* au passé composé?

a) Tu vas aller

b) Tu as été

c) Tu es allé

77 Comment s'écrit le verbe *recevoir* conjugué à la 2ᵉ personne du singulier de l'indicatif présent?

a) recois

b) reçois

c) recoi

78 Quel est le participe présent du verbe *cueillir*?

a) cueilli

b) cueillant

c) cueillissant

79 Quel est le participe passé du verbe *réfléchir*?

a) réfléchi

b) réfléchis

c) réfléchissant

80 Quelle est la terminaison des verbes *rendre*, *répondre*, *mordre* et *défendre* à la 1ʳᵉ personne du singulier de l'indicatif présent?

a) -d

b) -ds

c) -n

81 Quelle est la terminaison des verbes *mettre*, *promettre*, *permettre* à la 1ʳᵉ personne du singulier de l'indicatif présent?

a) -t

b) -ts

c) -d

82 Quelle est la 3ᵉ personne du singulier du verbe *vivre* à l'indicatif passé simple?

a) vit

b) vivat

c) vécut

83 À quel temps est conjugué le verbe suivant?
je partagerais

a) à l'indicatif imparfait

b) à l'indicatif futur

c) à l'indicatif conditionnel présent

84 Lequel des verbes suivants ne se conjugue pas avec l'auxiliaire *être*?

a) arriver

b) rester

c) sembler

d) aller

85 *Ce matin je pars en voyage.*

Dans la phrase ci-dessus, il manque une virgule après:

a) Ce

b) matin

c) je

d) pars

86 Vrai ou faux?

Dans la phrase ci-dessous, les virgules séparent les éléments d'une énumération.

Les aliments préférés du gorille sont le céleri sauvage, les fourmis, les orties, le bambou, le chardon et les fruits.

a) vrai

b) faux

87 *Je me demande pourquoi il rit*

Quel signe de ponctuation doit terminer la phrase ci-dessus?

a) un point

b) un point d'interrogation

88 Complète la phrase.

_____ le plus beau jour de ma vie.

a) S'est

b) Ces

c) C'est

d) Sait

89 Complète la phrase en ajoutant *ce* ou *se*.

_____ garçon _____ réveillera bientôt.

a) Se garçon se réveillera bientôt.

b) Ce garçon ce réveillera bientôt.

c) Ce garçon se réveillera bientôt.

90 _____ *est ton histoire préférée?*

Quel mot complète la phrase ci-dessus?

a) Qu'elle

b) Quelle

c) Quel

d) Qu'elles

91 *Il _____ endormi sur son bureau.*

Quel mot complète la phrase ci-dessus?

a) s'est

b) c'est

c) ses

d) ces

92 *Ma meilleure amie _____ tout raconté.*

Quel mot complète la phrase ci-dessus?

a) ma

b) m'a

c) m'as

93 *C'est _____ toi de jouer.*

Quel mot complète la phrase ci-dessus?

a) a

b) à

94 Comment s'appelle le son produit par les cordes vocales?

a) la voix

b) la voie

c) la voit

95 *Je ne crois pas _____ viendra.*

Quel mot complète la phrase ci-dessus?

a) quelle

b) quel

c) qu'elle

d) qu'elles

96 *Est-ce que _____ livres sont à toi?*

Quel mot complète la phrase ci-dessus?

a) ces

b) ses

c) sait

97 *Il me tendit _____ mains gelées.*

Quel mot complète la phrase ci-dessus?

a) ces

b) ses

c) sait

98 Laquelle des phrases suivantes ne contient aucune erreur?

a) En Belgique, les Belges parlent Français et mangent du chocolat Belge.

b) En Belgique, les Belges parlent français et mangent du chocolat belge.

c) En Belgique, les belges parlent français et mangent du chocolat belge.

99 Quelle lettre termine tous les noms singuliers suivants?

tou..., choi..., noi..., voi...,
jalou..., épou..., pri..., pai...

a) t

b) s

c) x

100 Une seule terminaison peut compléter tous les noms suivants. Laquelle?

éternu..., remerci..., dévou..., aboi...

a) -ement

b) -ment

c) -mant

d) -emant

101 Comment commencent tous les noms suivants?

...bitant, ...sard, ...lte, ...bile

a) a-

b) â-

c) ha-

d) hâ-

102 Quelle terminaison complète les noms suivants?

bijouti..., senti..., quarti..., chanti...

a) -é

b) -er

103 Lequel des mots suivants est mal orthographié?

a) nation

b) émotion

c) action

d) permition

104 Lequel des mots suivants est mal orthographié?

a) fauteuil

b) acceuil

c) écureuil

d) chevreuil

105 Lequel des mots suivants est mal orthographié?

a) rôle

b) ôter

c) bientôt

d) hôraire

106 *J'aimerais devenir pompier, _____ j'ai peur du feu.*

Choisis le marqueur de relation qui convient.

a) mais

b) lorsque

c) ou

d) car

107 *J'ai gagné mon pari _____ toi.*

Choisis le marqueur de relation qui convient.

a) à cause de

b) grâce à

108 *Hugo continue à lire _____ sa mère lui dit de dormir.*

Choisis le marqueur de relation qui convient.

a) car

b) ou

c) même si

d) puisque

109 *Elle lui répondit d'un ton glacial.*

Dans cette phrase, l'adjectif *glacial* est employé:

a) au sens propre;

b) au sens figuré.

110 Quelle expression n'est pas au sens figuré?

a) Avoir le cœur sur la main.

b) Redresser le dos.

c) Avoir les pieds sur terre.

d) Tendre l'oreille.

111 Quelle expression n'est pas au sens propre?

a) une eau fraîche

b) une sombre histoire

c) une pièce obscure

d) une maison moderne

112 Qu'est-ce que l'on ne peut pas *dévorer*?

a) un roman

b) un sandwich

c) une promenade

113 *Quand Lucie l'a injuriée, elle a perdu la tête.*
Dans la phrase ci-dessus, le mot *tête* est employé:
a) au sens propre;
b) au sens figuré.

114 Quel est le sens du verbe *percer* dans l'expression «percer un secret»?
a) faire un trou
b) découvrir
c) traverser

115 Dans quelle expression le mot souligné n'est pas au sens figuré?
a) Être dans les <u>nuages</u>.
b) Avoir le <u>cœur</u> gros.
c) Donner un <u>coup</u> de main.
d) Avoir mal aux <u>pieds</u>.
e) <u>Fondre</u> en larmes.

116 Quel préfixe sert à former le contraire du verbe *faire*?
a) par-
b) dé-
c) re-

117 Quel préfixe peut-on ajouter à tous les mots suivants?
réel, réaliste, régulier
a) anti-
b) dé-
c) ir-
d) in-

118 Dans lequel des mots suivants le préfixe **re-** ne signifie pas **de nouveau**?
a) repartir
b) recoller
c) recevoir
d) recuire

119 Quel préfixe signifie **après**?
a) anti-
b) pré-
c) post-
d) re-

120 Quel mot n'est pas formé avec le préfixe **pré-**?
a) prédire
b) prévenir
c) précieux
d) prénom

121 Dans lequel des mots suivants le préfixe **in-** n'indique pas le contraire?
a) inconnu
b) infini
c) inscrit
d) inacceptable

122 Quel mot n'est pas synonyme des autres?
a) répliquer
b) répondre
c) riposter
d) remplacer

123 Quel mot n'est pas synonyme des autres?
a) courageux
b) intrépide
c) intrus
d) hardi

124 Quel mot n'est pas synonyme des autres?
a) arrêter
b) interrompre
c) bloquer
d) cesser
e) répandre

125 Quelle est la définition de *comploter*?
a) manigancer
b) dénoncer
c) devancer

126 *Le locataire a <u>avisé</u> son propriétaire qu'il ne renouvellerait pas son bail.*
Dans la phrase ci-dessus, quel est le sens du mot souligné?
a) reconnu
b) observé
c) informé
d) admis

127 *Ce journal paraît tous les jours.*

Dans la phrase ci-dessus, quel est le sens du verbe *paraître*?

a) semble

b) se montre

c) est publié

d) se mire

128 *Samuel lui a dit tout ce qu'il devait faire dans la journée.*

Dans la phrase ci-dessus, quel verbe plus précis peut remplacer le verbe *dire*?

a) raconter

b) citer

c) énumérer

d) confier

129 Mettre une lettre dans une enveloppe, c'est:

a) la coller;

b) l'insérer;

c) l'enfoncer;

d) l'étaler.

130 Quel mot n'est pas de la même famille que *terre*?

a) terrain

b) terrestre

c) terrible

d) atterrir

131 Quel mot n'est pas de la même famille que les autres?

a) compter

b) comptable

c) contempler

d) compte

e) comptabilité

132 Rendre plus large, c'est *élargir*. Rendre plus clair, c'est:

a) claironner;

b) éclaircir;

c) déclarer.

133 Que veut dire **porter à ébullition**?

a) faire refroidir

b) faire bouillir

c) épaissir

d) mélanger

134 Quel est le contraire de *allumer*?

a) éclairer

b) éteindre

c) brancher

d) terminer

135 Vrai ou faux?

Le mot **rossignol** désigne aussi bien le mâle que la femelle.

a) vrai

b) faux

136 Quel est le contraire de *réussir*?

a) diminuer

b) échouer

c) séparer

d) douter

137 Quelle expression signifie: «Être sur le qui-vive»?

a) Peser ses mots.

b) Être sur les dents.

c) Être au pied du mur.

d) Décrocher la Lune.

138 Que signifie le verbe *immigrer*?

a) S'installer dans un pays étranger pour y vivre.

b) Quitter son pays natal pour aller vivre dans un autre pays.

c) Voyager d'une région à une autre à certaines saisons.

139 Comment appelle-t-on un groupe de loups?

a) une harde

b) une tribu

c) un banc

d) une meute

140 Le bruit du papier, c'est le:

a) bruissement;

b) crissement;

c) froissement;

d) tintement.

141 Quel verbe signifie dresser un animal sauvage?

a) monter

b) soigner

c) dompter

d) craindre

142 *J'ai eu 60% en mathématique, pourtant j'avais bien travaillé.*

Dans la phrase ci-dessus, le mot **pourtant** indique:

a) une cause;

b) une opposition;

c) une conséquence.

143 Quel mot désigne à la fois une plante et un bijou?

a) une fougère

b) un diadème

c) un jonc

144 Laquelle des phrases suivantes n'a pas de sens?

a) Les crotales sont des serpents venimeux.

b) Les vipères sont des serpents vénéneux.

c) Les amanites tue-mouches sont des champignons vénéneux.

145 *Vous lui remettrez cette lettre en main propre.*

Dans la phrase ci-dessus, quel est le sens des mots soulignés?

a) personnellement

b) proprement

c) rapidement

146 Quel verbe indique un déplacement vers l'arrière?

a) cheminer

b) progresser

c) s'élancer

d) reculer

147 Quel verbe indique un déplacement vers le bas?

a) grimper

b) gravir

c) escalader

d) s'effondrer

148 Dans le dictionnaire, quel mot ne peut pas se retrouver entre **cheminée** et **chiffre**?

a) cheville

b) chiffon

c) cidre

d) chien

149 Dans le dictionnaire, quel mot ne peut pas se retrouver entre **nouveau** et **nuisible**?

a) noyau

b) novembre

c) numéro

d) nuageux

150 Quelle liste de mots n'est pas classée par ordre alphabétique?

a) fermoir, festival, frite, furtif

b) mallette, molleton, moment, mouette

c) tiare, tignasse, tisserand, tisonnier

d) sarcelle, sarriette, scout, seconde

Production écrite

Le corrigé des exercices est à la page 89.

TEXTE DESCRIPTIF OU NARRATIF?

Lors de l'examen, certaines écoles te demanderont de rédiger un texte de 150 à 200 mots. Tu devras lire attentivement le sujet proposé pour déterminer si tu dois écrire un texte descriptif ou un texte narratif.

Un **texte descriptif** est un texte qui décrit un lieu, une personne, une situation, un animal, une plante, un événement historique, etc. Le sujet d'un texte descriptif contient souvent les mots *décris, énumère, aspect.*

Un **texte narratif** est un texte qui raconte une histoire. Le sujet d'un texte narratif contient souvent les mots *raconte, imagine, histoire, récit.*

EXERCICE 1 **Pour chaque sujet proposé, doit-on rédiger un texte descriptif ou un texte narratif? Coche la bonne réponse.**

	Descriptif	Narratif
a) Qu'attends-tu de ton école secondaire? Énumère au moins trois aspects d'une école secondaire qui sont importants à tes yeux.	☐	☐
b) Raconte une histoire dont voici la première phrase. «C'est l'automne, le vent souffle en rafales sur la campagne déserte.»	☐	☐
c) Ce matin, Clothilde a mis deux chaussettes de couleurs différentes. Raconte sa journée à l'école.	☐	☐
d) Tu te présentes à l'examen d'admission de notre école secondaire. Parle-nous de toi. Dis-nous pourquoi nous devrions t'admettre dans notre établissement.	☐	☐
e) Tu vas bientôt quitter l'école primaire. Décris-la, telle que tu la conserveras dans ton souvenir.	☐	☐
f) Raconte une histoire dont voici le début. «Depuis des années, Blandine vit seule avec ses dix-huit chats. Un soir…»	☐	☐
g) La journée est terminée. Tous les élèves sont sortis de la classe, sauf Jacob. Raconte ce qui arrive.	☐	☐
h) Quel a été ton professeur préféré au primaire? Décris-le.	☐	☐

LE TEXTE DESCRIPTIF

Le choix des idées

Avant de commencer à rédiger, tu dois écrire toutes les idées (les aspects) qui te viennent à l'esprit concernant le sujet proposé. Au moment de rédiger, tu pourras choisir parmi ces aspects ceux qui t'inspirent le plus, ceux pour lesquels tu as le plus de choses à dire.

La structure d'un texte descriptif

Dans un texte descriptif, il doit y avoir une introduction, un développement et une conclusion.

* Dans **l'introduction**, on présente le sujet et les aspects que l'on va traiter. L'introduction a généralement un paragraphe.

* Dans **le développement**, on décrit les aspects. Chaque aspect est traité en un paragraphe. Il est important de commencer les paragraphes par des marqueurs de relation.

    Exemples de marqueurs de relation pour le développement : *d'abord, en premier lieu, premièrement, puis, en deuxième lieu, de plus, deuxièmement, enfin, finalement.*

* Dans **la conclusion**, on résume le développement et on apporte une idée nouvelle au sujet. La conclusion a généralement un paragraphe.

    Une conclusion doit commencer par un marqueur de relation. Exemples de marqueurs de relation pour la conclusion : *en conclusion, en résumé, pour conclure, ainsi.*

Remarque : Bien connaître la structure d'un texte descriptif t'aidera à organiser tes idées de façon cohérente.

Exemple:

SUJET : Qu'attends-tu de ton école secondaire?

Rédige un texte d'une vingtaine de lignes (environ 150 mots).
Énumère au moins trois aspects d'une école secondaire qui sont importants à tes yeux.

Dimensions de l'école
Nombre d'étudiants
Nombre de classes par niveau

Enseignants
Quelles sont leurs qualités?
Sont-ils compétents, compréhensifs, justes?

Bâtiment
Quel est son environnement?
Quelle est son apparence?
Quelle est sa situation géographique?
Quelle est sa distance par rapport à mon domicile?

Locaux
Sont-ils propres, éclairés, spacieux?
Sont-ils diversifiés: gymnase, piscine, local d'informatique, etc.?

École secondaire

Historique
Est-ce un établissement ancien, de bonne réputation?
D'autres membres de la famille l'ont-ils fréquenté?

Discipline
Est-elle juste et bien appliquée?
Y a-t-il des sanctions?
L'uniforme compte-t-il pour moi?

Programme scolaire
Formation
Devoirs

Activités parascolaires
Y a-t-il des sports, lesquels?
Des arts? Des sorties? Des voyages?

Introduction

– présentation du sujet
– présentation des aspects

Je vais bientôt entrer au secondaire. J'attends beaucoup de ma nouvelle école. Pour moi, les aspects les plus importants sont un programme scolaire riche, une gamme variée d'activités parascolaires et un climat de confiance et de respect.

Développement

1er aspect

D'abord, comme j'ai l'intention de poursuivre un jour des études universitaires, j'aimerais recevoir une solide formation en français, en mathématique et en science, même si cela implique beaucoup de devoirs.

2e aspect

Deuxièmement, je sais qu'il n'y a pas que les études qui sont importantes. C'est pourquoi j'espère qu'on m'offrira un vaste choix d'activités parascolaires. Personnellement, je voudrais faire du sport et du théâtre.

3e aspect

Enfin, je ne souhaite pas que la discipline soit trop sévère, mais je voudrais tout de même pouvoir travailler dans le calme et me sentir respecté par les autres.

Conclusion

– résumé
– idée nouvelle

En conclusion, j'aimerais que mon école secondaire m'offre un programme enrichi, des activités variées et une bonne discipline. Je me promets de faire de mon mieux pour bien réussir.

Note : Pour que tu comprennes bien la structure du texte, nous avons identifié l'introduction, le développement et la conclusion. Lorsque tu rédiges ton texte, tu n'as pas à le faire.

EXERCICE 2   **À partir du sujet ci-dessous, remplis le tableau, puis rédige le texte.**

SUJET
Explique pourquoi tu aimerais fréquenter notre école.
Rédige un texte d'environ 150 mots en développant au moins trois aspects.

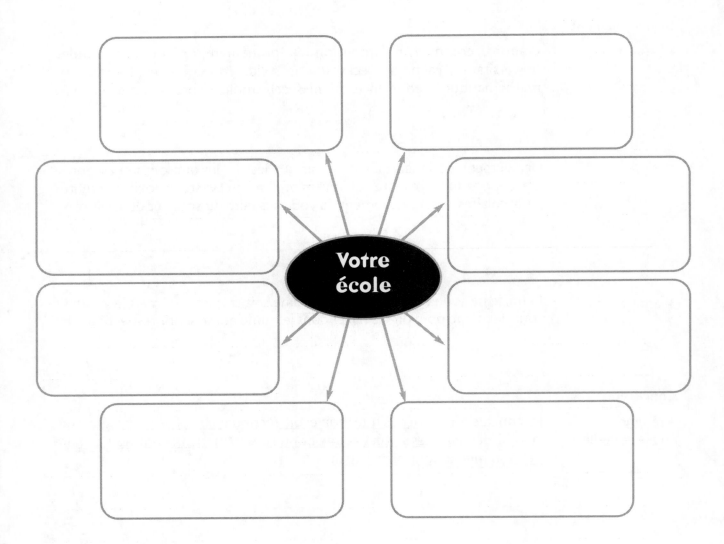

LE TEXTE NARRATIF

Le choix des idées et la structure du texte

Dans un texte narratif, il doit y avoir une situation initiale, un déroulement et une situation finale.

LA SITUATION INITIALE

Où ? Dans quel lieu se passe l'histoire ?

Qui ? Quel est le personnage principal ?

Quand ? L'action se situe à quelle heure, à quel moment, en quelle saison, en quelle année, à quelle époque (de nos jours, au Moyen Âge…), etc. ?

Quoi ? Pourquoi le personnage se trouve-t-il en ce lieu ? Qu'est-ce qu'il fait ?

LE DÉROULEMENT

L'élément déclencheur
C'est l'événement qui vient déranger le personnage principal, lui créer un problème.

Les péripéties
Ce sont les actions posées par le personnage pour réagir à l'élément déclencheur. Ce sont aussi les événements qui font avancer l'histoire. Dans un texte court, il y aura peu de péripéties.

Le dénouement
C'est la façon dont le problème est résolu.

LA SITUATION FINALE

On y raconte ce que fait le personnage ou quelles sont ses réflexions après l'aventure qu'il a vécue.

Un texte narratif contient généralement un paragraphe pour la situation initiale, deux ou trois paragraphes pour le déroulement, et un pour la situation finale.

Enfin, un texte narratif doit avoir un titre. Le titre doit refléter le contenu du texte et donner envie de le lire.

Remarque : Bien connaître la structure d'un texte narratif t'aidera à trouver des idées et à les organiser de façon cohérente.

Exemple :

SUJET

Raconte une histoire d'environ 200 mots dont voici la première phrase.

« C'est l'automne, le vent souffle sur la campagne déserte. »

LA SITUATION INITIALE

Où ?	*À la campagne*
Quand ?	*L'automne*
Qui ?	*Une cigale*
Quoi ?	*Elle cherche à manger*

LE DÉROULEMENT

L'élément déclencheur :	*Elle pense que la fourmi a des réserves de nourriture.*
Les péripéties :	*– Elle va emprunter de la nourriture à la fourmi.*
	– La fourmi lui demande ce qu'elle faisait pendant l'été.
	– La cigale lui répond qu'elle chantait.
Le dénouement :	*La fourmi refuse de la dépanner.*

LA SITUATION FINALE

La cigale en veut à la fourmi, mais regrette d'avoir été imprévoyante.

Titre	**La cigale et la fourmi**
Situation initiale	C'est l'automne, le vent souffle sur la campagne déserte. Depuis quelques jours, la nourriture se fait de plus en plus rare. Une petite cigale cherche autour de chez elle de quoi manger. Mais elle a beau regarder partout, elle ne trouve rien.
Déroulement Élément déclencheur	Elle pense alors à sa voisine la fourmi qu'elle a vue travailler tout l'été. Chaque jour, du matin au soir, elle n'arrêtait jamais, transportant sur son dos de lourds chargements. La cigale est sûre qu'elle a de grandes réserves de nourriture.
Péripéties	Sans hésiter, elle va frapper à la porte de sa voisine. Elle lui demande de lui prêter quelques grains pour passer l'hiver, en lui promettant qu'elle les lui rendra quand l'été sera revenu. Mais la fourmi veut savoir ce qu'elle a bien pu faire l'été dernier et pour quelle raison elle se retrouve sans rien à manger. La cigale lui répond qu'elle a passé tout son temps à chanter.
Dénouement	Alors, au lieu de dépanner sa voisine, la fourmi lui suggère plutôt d'aller danser et lui claque sa porte au nez.
Situation finale	La pauvre cigale retourne chez elle en maugréant. Elle se dit qu'elle n'adressera plus jamais la parole à cette égoïste, même si, c'est vrai, elle aurait peut-être dû travailler un peu !

Note : Pour que tu comprennes bien la structure du texte, nous avons identifié le titre, la situation initiale, le déroulement et la situation finale. Lorsque tu rédiges ton texte, tu n'as pas à le faire.

EXERCICE 3   À partir du sujet ci-dessous, remplis le plan, puis rédige le texte.

SUJET

Raconte une histoire d'environ 200 mots dont voici le début.

«Depuis des années, Germaine vit seule avec ses dix-huit chats. Un soir…»

PLAN

LA SITUATION INITIALE

Où? _____

Quand? _____

Qui? _____

Quoi? _____

LE DÉROULEMENT

L'élément déclencheur: _____

_____

Les péripéties: _____

_____

_____

_____

_____

Le dénouement: _____

_____

LA SITUATION FINALE

_____

_____

EXERCICES DE CORRECTION

1. Structurer les phrases en respectant la syntaxe

> **L'emploi du subjonctif**
>
> Les verbes qui expriment un souhait doivent être suivis d'un verbe au subjonctif.

Subjonctif présent Terminaisons de tous les verbes, sauf *avoir* et *être*	
e (1re pers. sing.)	ions (1re pers. plur.)
es (2e pers. sing.)	iez (2e pers. plur.)
e (3e pers. sing.)	ent (3e pers. plur.)

Les verbes qui ont une forme difficile au subjonctif :

Avoir	que j'aie, que tu aies, qu'il ait, que nous ayons, que vous ayez, qu'ils aient
Être	que je sois, que tu sois, qu'il soit, que nous soyons, que vous soyez, qu'ils soient
Aller	que j'aille, que tu ailles, qu'il aille, que nous allions, que vous alliez, qu'ils aillent
Faire	que je fasse, que tu fasses, qu'il fasse, que nous fassions, que vous fassiez, qu'ils fassent
Savoir	que je sache, que tu saches, qu'il sache, que nous sachions, que vous sachiez, qu'ils sachent
Pouvoir	que je puisse, que tu puisses, qu'il puisse, que nous puissions, que vous puissiez, qu'ils puissent
Tenir	que je tienne, que tu tiennes, qu'il tienne, que nous tenions, que vous teniez, qu'ils tiennent
Vouloir	que je veuille, que tu veuilles, qu'il veuille, que nous voulions, que vous vouliez, qu'ils veuillent

EXERCICE 4 **Dans les phrases suivantes, corrige les verbes soulignés. Pour t'aider, consulte le tableau ci-dessus.**

a) Je m'attends à ce que les voyages <u>soyent</u> agréables. _____

b) Je voudrais qu'il y <u>a</u> beaucoup de sports. _____

c) J'aimerais que l'école <u>sois</u> propre. _____

d) Je souhaite que les cours <u>seront</u> instructifs. _____

e) Je souhaite qu'il y <u>aille</u> des ateliers d'art. _____

f) J'aimerais que les professeurs ne <u>sont</u> pas trop sévères. _____

g) Je m'attends à ce qu'il y <u>a</u> beaucoup d'élèves. _____

h) Je m'attends à ce que les professeurs m'<u>apprendes</u> plus de choses. _____

i) La cigale souhaite que la fourmi <u>a</u> des réserves de nourriture. _____

j) Elle voudrait que sa voisine <u>est</u> généreuse. _____

k) Il faut que vous me <u>prêtez</u> de quoi manger. _____

l) La fourmi voudrait que la cigale <u>va</u> travailler. _____

m) La cigale aimerait que la fourmi la <u>comprend</u> mieux. _____

n) Il faut que nous <u>dansons</u>, maintenant! _____

L'emploi du futur simple ou du conditionnel présent

Il ne faut pas confondre le futur simple et le conditionnel présent.
• Le futur simple indique une action que nous allons certainement accomplir.
• Le conditionnel présent indique une action que nous souhaiterions accomplir.

Futur simple		Conditionnel présent	
*(**e**)rai	(**e**)rons	*(**e**)rais	(**e**)rions
(**e**)ras	(**e**)rez	(**e**)rais	(**e**)riez
(**e**)ra	(**e**)ront	(**e**)rait	(**e**)raient

* Les verbes du **1er groupe** se conjuguent comme *aimer* et leurs terminaisons comportent donc un **e**, même si celui-ci ne s'entend pas toujours.
Exemples : Je cri**erai**, je cri**erais**.

EXERCICE 5   Dans les phrases suivantes, corrige les verbes soulignés.

a) <u>J'apprécirais</u> une première journée sans uniforme. _____

b) Il est certain que j'<u>étudirais</u> beaucoup. _____

c) S'il y a des activités, je <u>serais</u> content. _____

d) J'<u>aimerai</u> que l'école soit belle. _____

e) Je suis sûr que j'<u>aimera</u> ça. _____

f) Ce <u>serai</u> bien si les élèves de 2e secondaire pouvaient nous guider. _____

g) J'espère que quelqu'un <u>pourrais</u> m'aider si je suis perdu. _____

h) Au début, je sais que ce <u>serait</u> difficile. _____

i) J'espère qu'il y <u>aurait</u> une équipe de football. _____

j) J'espère bien que vous <u>travailleriez</u> l'été prochain. _____

k) Je suis sûre que la cigale en <u>voudrait</u> à sa voisine. _____

l) Elle <u>aimera</u> que sa voisine soit plus généreuse. _____

L'emploi des mots de substitution (les pronoms)

L'emploi des pronoms *il, ils* ou *tu* pour désigner une ou des personnes qui ne sont pas nommées dans le texte est à **proscrire.**

Les pronoms personnels *il, ils, elle* et *elles* **doivent toujours** nous renvoyer à un mot de même genre et de même nombre qu'eux, facilement identifiable dans le texte.

Le pronom personnel *tu* est un pronom qui **doit toujours désigner** la personne à qui l'on parle.

Quand on veut désigner une personne ou un groupe de personnes dont on ne connaît pas l'identité exacte, on doit utiliser le pronom indéfini *on*.

EXERCICE 6   **Dans les phrases suivantes, écris au-dessus des pronoms soulignés le pronom approprié et corrige les verbes si c'est nécessaire.**

a)   Je ne suis pas très bonne en anglais et j'ai peur qu'<u>il</u> nous demande de faire une recherche

compliquée.

b)   <u>Tu</u> dois porter un uniforme, sinon <u>tu</u> pourrais avoir une retenue.

c)   Mon grand frère m'a dit que les professeurs sont très sévères; si <u>tu</u> manques une journée

ou si <u>tu</u> parles dans les rangs, <u>il</u> donne des retenues.

d)   J'ai peur qu'<u>ils</u> me donnent beaucoup de devoirs.

e)   Je rencontrerai beaucoup de personnes. J'espère qu'<u>ils</u> seront...

f)   Les devoirs et les leçons, c'est important. <u>Elles</u> me permettront...

g)   Je sais que je connaîtrai de nouvelles disciplines. <u>Ils</u> me donneront l'occasion...

h)   S'<u>ils</u> m'acceptent dans ce collège...

i)   La cigale demande à la fourmi de <u>la</u> prêter quelques grains pour passer l'hiver.

La phrase grammaticalement correcte

Pour être grammaticalement correcte, une phrase doit obligatoirement contenir **un groupe sujet et un groupe verbal.** Il faut s'assurer que chaque phrase exprime une idée complète et éviter de faire une nouvelle phrase avec le ou les compléments.

Exemple :

« Je pense que les cours seront plus difficiles. <u>Que les enseignants seront plus sévères.</u>
<u>Qu'il y aura plus d'étudiants.</u> »

Les deux phrases soulignées ne sont pas grammaticalement correctes, puisqu'elles sont des compléments du verbe *penser*. Il aurait fallu écrire :

« Je pense que les cours seront plus difficiles, que les enseignants seront plus sévères et qu'il y aura plus d'étudiants. »

EXERCICE 7   Transforme les phrases en une seule phrase grammaticalement correcte.

a) J'aimerais qu'il y ait beaucoup d'activités sportives. Du hockey par exemple. Ou du basket-ball.

_____

_____

b) Il faudra sûrement que je travaille plus. Que je me couche tôt. Que je travaille les fins de semaine.

_____

_____

c) J'ai un peu peur. Parce que l'école sera plus grande. Aussi, il y aura beaucoup plus d'étudiants.

_____

_____

d) La matière que je préfère est la musique. Aussi le français et l'informatique.

_____

_____

e) La cigale pense à sa voisine la fourmi. Qu'elle a vue travailler tout l'été.

_____

_____

f) La cigale répond à la fourmi. Qu'elle a passé tout son temps à chanter.

_____

_____

g) La fourmi lui suggère d'aller danser. Aussi d'aller chanter.

_____

_____

Les phrases négatives

Les phrases négatives doivent contenir une des expressions suivantes : *ne… pas, ne… plus, ne… jamais.*
À l'oral, on omet souvent le *ne,* mais il doit absolument être utilisé à l'écrit.

EXERCICE 8   Corrige les phrases suivantes.

a) Je m'inquiète pas vraiment pour mes amies.

_____

b) Les uniformes me dérangent pas trop.

_____

c) Je sais que je vais jamais le regretter.

_____

d) J'aimerais que les professeurs donnent pas beaucoup de devoirs.

_____

e) La cigale s'était pas préparée pour l'hiver.

_____

f) La pauvre bête avait rien trouvé à manger.

_____

g) La fourmi a jamais voulu lui prêter de nourriture.

_____

h) Personne sait comment la cigale passa l'hiver.

_____

L'emploi des prépositions

Quand on veut introduire un complément dans la phrase, il faut souvent employer une **préposition.** Cela dépend du verbe qu'on utilise et de la sorte de complément que l'on veut introduire. N'oublie pas que *au, aux, du* et *des* contiennent les prépositions *à* et *de* et qu'ils servent eux aussi à introduire des compléments.

EXERCICE 9   Corrige les débuts de phrase suivants.

a) J'ai hâte à aller… _____

b) Quand je serai en secondaire… _____

c) Le professeur de gymnastique organise de différents jeux… _____

_____

d) Les amis à mon frère… _____

e) La cigale n'avait pas le temps pour travailler… _____

f) La cigale chantait sur la rue… _____

L'emploi de «Est-ce que?»

L'expression *est-ce que* ne peut s'utiliser qu'au début d'une question: «Est-ce que tu as hâte…?»
On ne peut l'utiliser au milieu d'une phrase pour relier deux idées entre elles.

EXERCICE 10 **Corrige les phrases suivantes.**

a) Je me demande qu'est-ce que mes amis vont faire.

_____

b) Dans le prochain paragraphe, je vous expliquerai qu'est-ce que j'attends de cette école.

_____

_____

c) La fourmi lui demanda qu'est-ce qu'elle avait fait tout l'été.

_____

_____

d) La cigale ne savait pas qu'est-ce qu'elle pourrait manger.

_____

_____

La répétition du déterminant et de la préposition

Lorsqu'une phrase contient plusieurs compléments, il faut **répéter le déterminant ou la préposition**.
La phrase: «Je souhaite qu'il y ait des ateliers d'arts, dessin ou sculpture» est fautive.
On devrait écrire: «Je souhaite qu'il y ait des ateliers d'arts, **de** dessin ou **de** sculpture.»

EXERCICE 11 **Corrige les phrases suivantes en ajoutant le déterminant ou la préposition.**

a) J'aime beaucoup l'art et mathématique.

_____

b) J'ai entendu dire qu'on fait beaucoup d'activités, sports et voyages.

_____

_____

c) La cigale cherche de la nourriture sous les feuilles, pierres et troncs d'arbres.

_____

_____

d) Elle demande à boire et manger.

_____

_____

> ### Il a... ou Il y a...
>
> Dans l'expression *il y a,* le pronom *il* ne désigne pas une personne en particulier ; c'est pourquoi on dit que c'est un verbe impersonnel. Si on écrit *il a,* on doit s'assurer que le *il* désigne un nom que l'on peut identifier dans le texte.

EXERCICE 12   Corrige les phrases suivantes.

a) Je ne m'inquiète pas de perdre mes amies, car il en a beaucoup qui iront à la même école que moi.

_____

b) J'ai entendu dire qu'il avait de l'éducation physique chaque jour.

_____

c) L'hiver, il a des insectes qui n'ont rien à manger.

_____

d) La fourmi avait fait des réserves de nourriture, il en avait plein sa maison.

_____

> ### L'emploi des pronoms relatifs
>
> Pour relier deux idées dans la même phrase, il faut parfois employer un des **pronoms relatifs** suivants : *qui, que, dont, où, lequel, auquel, duquel...* Ces pronoms sont parfois précédés d'une préposition : *à laquelle, pour lequel, avec lesquels...*

EXERCICE 13   Corrige les débuts de phrase suivants.

a) L'école que je vais aller... _____

b) La discipline que je m'attends... _____

c) Les professeurs que je m'entendrai bien avec... _____

d) L'histoire que je parle... _____

e) La voisine laquelle elle pense... _____

f) L'instrument qu'elle s'accompagne avec... _____

g) La fourmi, que la cigale demande de la nourriture... _____

h) Les arbres de dont les feuilles tombent... _____

i) Le vent lequel souffle... _____

j) Les réserves qu'elle a fait provision... _____

2. Ponctuer correctement

> **L'emploi de la virgule**
>
> Les erreurs de ponctuation portent souvent sur l'emploi de la **virgule.** Il faut mettre une virgule:
> - après un marqueur de relation placé en début de phrase.
>   Exemple: «Premièrement, j'aimerais...»
> - après un complément de phrase placé en début de phrase.
>   Exemple: «L'année prochaine, j'aimerais...»
> - avant les conjonctions *mais, car* et *donc*.
>   Exemple: «J'aimerais beaucoup fréquenter cette école, car...»
> - dans une énumération.
>   Exemple: «Je raffole de la natation, du hockey et de la bicyclette.»

EXERCICE 14 **Corrige les débuts de phrase en ajoutant les virgules aux endroits appropriés.**

a) Au secondaire j'espère aller dans une école privée...

b) On m'a dit que tous les jours à la dernière période nous avons une heure...

c) Tous les ans l'école organise une sortie...

d) J'ai hâte d'aller au secondaire car je vais quitter le service de garde...

e) Deuxièmement mes sœurs ont fréquenté cette école...

f) Cet hiver-là le froid était...

g) Chaque été la fourmi travaillait...

h) La cigale était désespérée car personne...

i) En conclusion la fourmi était plutôt travailleuse...

j) La fourmi était travailleuse mais pas très...

k) Vous avez dansé vous avez chanté mais vous n'avez pas...

l) La cigale alla trouver sa voisine car elle n'avait rien...

m) Quand arriva l'automne la cigale était...

n) Elle luttait contre le vent le froid la pluie...

o) Sans la regarder elle lui claque la porte...

p) Dans une forêt marchait une cigale...

3. Utiliser un vocabulaire précis et varié

EXERCICE 15   Remplace les mots soulignés par d'autres mots plus précis.

a) Si j'ai de la <u>misère</u> dans <u>quelque chose</u>…

_____

b) J'ai peur que ce soit <u>dur</u>…

_____

c) Je veux <u>aller à</u> une école privée.

_____

d) … quand les professeurs <u>m'apprennent…</u>

_____

e) J'ai <u>vu</u> l'école…

_____

f) J'aimerais qu'on m'offre <u>plein d'</u>activités…

_____

g) Je sais que je suis responsable <u>du fait que j'apprenne ou non</u>.

_____

h) J'espère que je rencontrerai des jeunes qui <u>ont les mêmes</u> centres d'intérêt <u>que moi</u>.

_____

i) Je ne veux pas qu'<u>il y ait</u> de la violence.

_____

j) Je vais <u>toujours faire des efforts.</u>

_____

k) Je vais <u>avoir</u> de nouvelles connaissances.

_____

l) Je vais avoir besoin d'<u>un temps </u>d'adaptation.

_____

m) La <u>grosseur</u> de l'école m'impressionne.

_____

n) Je vais <u>passer par-dessus</u> mes craintes.

_____

o) Entrer au secondaire, cela va <u>amener</u> des changements dans ma vie.

_____

4. Respecter l'orthographe

EXERCICE 16 Corrige les fautes des mots soulignés. Utilise un dictionnaire au besoin.

a) <u>qu'en</u> même _____

b) une activité <u>passionnente</u> _____

c) les efforts <u>nécèssaires</u> _____

d) des <u>proffesseurs</u> pas <u>tros</u> <u>sévaire</u> _____

e) de la <u>difficultée</u> _____

f) il y a <u>surment</u> _____

g) les <u>adolessants</u> _____

h) <u>plusieur</u> raisons _____

i) en <u>résumer</u> _____

j) les <u>examins</u> _____

L'élision

L'élision consiste à remplacer une voyelle par une apostrophe pour éviter que deux voyelles se rencontrent dans deux mots qui se suivent. Exemple : je aime → j'aime.

EXERCICE 17 Corrige les fautes.

a) Je m'attends à ce que on se respecte. _____

b) Jaurai de la difficulté… _____

c) Je me demande si il y a… _____

d) Lorsquil y aura… _____

e) Sil faut que je travaille davantage… _____

Les coupures de mots

Attention aux **coupures en fin de ligne.** Lorsqu'il ne reste pas assez d'espace à la fin d'une ligne pour écrire un mot au complet, il faut couper ce dernier entre deux syllabes.

EXERCICE 18 Coupe correctement les mots soulignés.

a) Je <u>m'attends</u>… _____

b) Il serait <u>intéressant</u>… _____

c) Quand j'arriverai en <u>première</u> secondaire… _____

d) … une bonne <u>relation</u> avec mes enseignants… _____

e) … une nouvelle <u>orientation</u>… _____

L'accord du verbe avec son sujet

Pour bien orthographier un verbe, il faut tenir compte à la fois :

- de son infinitif : je finis (finir, 2e groupe) ; je crie (crier, 1er groupe) ;
- de son temps : j'ai fini (passé composé) ; je finis (présent et passé simple de l'indicatif) ;
- de son sujet : il étudie, ils étudient.

Les principales terminaisons à la 1re et à la 3e personne				
	Personne et nombre	**1er groupe (er)**	**2e et 3e groupe (ir, oir, re)**	**Verbes en dre** (excepté les terminaisons en **indre** et **soudre**)
Indicatif présent	1re pers. sing. 3e pers. sing. 3e pers. plur.	-e -e -ent	-s -t (iss) -ent	-ds -d -ent
Indicatif imparfait	1re pers. sing. 3e pers. sing. 3e pers. plur.	-ais -ait -aient	(iss) -ais (iss) -ait (iss) -aient	-ais -ait -aient
Indicatif futur simple	1re pers. sing. 3e pers. sing. 3e pers. plur.	-erai -era -eront	-rai -ra -ront	-rai -ra -ront
Indicatif conditionnel présent	1re pers. sing. 3e pers. sing. 3e pers. plur.	-erais -erait -eraient	-rais -rait -raient	-rais -rait -raient
Subjonctif présent	1re pers. sing. 3e pers. sing. 3e pers. plur.	-e -e -ent	-e -e -ent	-e -e -ent

EXERCICE 19   Corrige les verbes.

a) Je connaît… _____

b) Les élèves m'accueil… _____

c) Les professeurs serons… _____

d) Il le faux. _____

e) Ce serai agréable. _____

f) La direction nous obligent… _____

g) …que les professeurs était sévères. _____

h) On par (verbe *partir*)… _____

i) J'en faisait… _____

j) Les élèves serrons gentils. _____

k) On se respect les uns les autres... _____

l) Je connaîs... _____

m) Je m'attend... _____

n) Les professeurs nous aiderons. _____

o) L'école s'appel... _____

p) Je les considères... _____

q) Je vous prêterez... _____

r) Les cigales nous chanterons... _____

s) Vous lui apporterai... _____

Écrire *er* ou *é*

Le verbe en **é** est un participe passé. Il est donc précédé des auxiliaires *avoir* ou *être* ou il est placé à côté d'un nom auquel il donne une qualité.
Exemples : J'ai visité, je suis allé, un enseignant respecté.

Le verbe en **er** est un verbe à l'infinitif. Il est placé après un premier verbe (sauf *avoir* et *être*) ou après une préposition (*à, de, pour*…). On peut le remplacer par un autre verbe à l'infinitif : *vendre, finir, mordre*…
Exemples : Je veux fréquenter, je m'engage à étudier.

EXERCICE 20   Corrige les fautes.

a) J'aimerais réalisé une foule de projets. _____

b) J'ai peur d'être désorienter. _____

c) Les matières qu'on va m'enseigné... _____

d) Je vais m'intéressé... _____

e) Les activités qui seront organiser... _____

f) ... quand je vais circulé dans l'école. _____

g) Je vais bien m'adapté. _____

h) Je veux être écouter. _____

i) Je vais bien m'intégré. _____

j) Je veux apprendre à travaillé. _____

k) J'ai hâte de rencontré les autres élèves. _____

l) ... une petite salle pour se reposé. _____

m) J'espère être accepter ... _____

n) Ma sœur a fréquentée ce collège. _____

o) Il est important que je sois motiver ... _____

p) Je vais m'efforcée ... _____

Les accords dans le groupe du nom (GN)

Le groupe du nom se compose d'un nom (le noyau du groupe du nom) et d'un déterminant. Le groupe du nom peut également contenir un ou plusieurs adjectifs ou participes passés. Tous ces éléments doivent posséder le même genre (masculin ou féminin) et le même nombre (singulier ou pluriel).

EXERCICE 21   Corrige les fautes.

a) ma futur école _____

b) des activités passionnants _____

c) de bon et de mauvais côtés _____

d) les arts plastique _____

e) un bonne enseignant _____

f) beaucoup de retenue _____

g) trop de devoir _____

h) répondre à mes question _____

i) toutes mes amis _____

j) la main levé _____

k) une école public ou privé _____

L'accord des attributs

Lorsqu'on utilise le verbe *être* (ou un autre verbe attributif, comme *paraître, sembler*…),
c'est en général parce qu'on veut attribuer une qualité au sujet.

Exemple : Les **enseignants sont compréhensifs.** (Ici, **compréhensifs** est attribut du sujet **enseignants.**)

Le sujet et l'attribut doivent s'accorder, c'est-à-dire partager le même genre et le même nombre. On oublie souvent d'accorder les attributs parce qu'ils sont placés loin du sujet auquel ils ajoutent une qualité.

Les participes passés placés après le verbe *être* s'accordent eux aussi avec le sujet.

EXERCICE 22   Corrige les fautes.

a) J'aimerais que les activités soient amusants. _____

b) Mes sœurs sont allé dans cette école. _____

c) J'aimerais que les élèves soient gentil, aimable et serviable. _____

d) On m'a dit que les enseignants étaient très sévère. _____

e) Les enseignants seront compréhensif. _____

f) Cette école semble bien organisé. _____

g) Les locaux sont grand et bien éclairé. _____

h) Ma vie sera changé. _____

i) Les gestes violents ne seront pas toléré. _____

j) Toutes les matières qui me seront enseigné… _____

		Les principaux homophones	
HOMOPHONE	**CLASSE DE MOTS**	**COMMENT LES RECONNAÎTRE**	**EXEMPLES**
a	verbe *avoir*	On peut le remplacer par *avait*.	Il **a** entendu parler…
à	préposition	On ne peut pas le remplacer par *avait*.	Dîner **à** la cafétéria
ce	déterminant ou pronom	Il est placé devant un nom ; il est placé devant le verbe *être* et on peut le remplacer par *cela* ; il est placé devant *que*.	**Ce** collège **Ce** serait agréable **Ce** que je sais
se	pronom pers. de la 3ᵉ pers.	On peut le remplacer par *me*.	Il **se** trompe
ces	déterminant démonstratif pluriel	Il est placé devant un nom au pluriel.	**Ces** élèves
ses	déterminant possessif pluriel	Il indique à qui appartient ce dont on parle.	Le professeur et **ses** élèves
c'est	pronom démonstratif **c'** + verbe *être* à la 3ᵉ pers. du sing. de l'indicatif présent	Il est souvent suivi d'un nom ou d'un adjectif. On peut le remplacer par *cela est* ou *ce n'est pas*.	**C'est** intéressant
s'est	élément d'un verbe pronominal au passé composé	Il est suivi d'un participe passé.	Il **s'est** trompé
(un) cours	nom commun masculin	Enseignement donné par un professeur	Un **cours** de français
(une) cour	nom commun féminin	Espace extérieur de récréation	Une **cour** d'école
mais	marqueur de relation	On peut le remplacer par *cependant*	J'aime la lecture, **mais** je préfère le sport.
mes	déterminant possessif	On peut le remplacer par *tes*.	**mes** amis
on	pronom indéfini	On peut le remplacer par *il* ou *elle*.	**On** comprend mieux…
ont	verbe **avoir** à la 3ᵉ pers. du plur.	On peut le remplacer par *avaient*.	Ils **ont** rencontré…
ou	marqueur de relation	Il indique un choix.	En géographie **ou** en français…
où	adverbe ou pronom relatif	Il indique un lieu.	Une école **où** il ferait bon étudier…
qu'elle	conjonction ou pronom relatif (**qu'**) + pron. pers. (**elle**)	On peut le remplacer par *qu'il*.	Il faudrait **qu'elle** soit…
quel(le)(s)	déterminant	Il accompagne un nom.	**Quel** sportif !
si	conjonction ou adverbe	Il indique une condition. On peut le remplacer par *tellement*.	**Si** tu veux, j'irai… Je suis **si** heureux…
s'y	pronom pers. (s) + pronom pers. ou adverbe (y)	Il précède un verbe.	Comment **s'y** prendre…
sur	préposition	On peut le remplacer par une autre préposition, par exemple *sous*.	**sur** la table
sûr	adjectif	On peut le remplacer par un autre adjectif, par exemple, *certain*.	Je suis **sûr**…

EXERCICE 23   Corrige les mots soulignés.

a)   <u>Ces</u> grand et bien décoré….   _____

b)   Je m'attends à ce qu'<u>ont</u> porte un uniforme.   _____

c)   L'école <u>ou</u> je vais aller…   _____

d)   Je m'attends <u>a</u> avoir des cours…   _____

e)   … m'indiquer <u>ou</u> sont les classes.   _____

f)   J'aimerais que <u>se</u> soit une bonne école.   _____

g)   … qu'on réponde à <u>mais</u> questions.   _____

h)   <u>Ces</u> dans cinq mois…   _____

i)   J'espère retrouver <u>se</u> que je vous ai décrit.   _____

j)   Je voudrais être <u>sur</u> d'avoir l'une de ces activités.   _____

k)   S'<u>y</u> les élèves de 1re secondaire…   _____

l)   J'attends de mon école <u>quelle</u> me présente…   _____

m) Je pense que <u>sait</u> une bonne école.   _____

EXERCICE 24   Corrige les fautes.

a)   La cigale c'est adressée à sa voisine…   _____

b)   S'est une bête très prévoyante.   _____

c)   La cigale frappe a la porte de sa voisine.   _____

d)   Elle ne sait pas ou trouver de la nourriture.   _____

e)   Il ne lui reste plus qu'a mourir de faim.   _____

f)   La cigale est sure que la fourmi la dépannera.   _____

g)   La cigale ce dit qu'elle aurait dû travailler.   _____

h)   Elle croit quel peut compter sur sa voisine.   _____

i)   La fourmi lui demande qu'elle était son occupation.   _____

j)   Elle veut savoir se que la cigale a fait tout l'été.   _____

k)   La cigale ne si attendait vraiment pas.   _____

EXERCICE 25 **Corrige le texte descriptif que tu as écrit à la page 25 en cochant toutes les cases ci-dessous.**

La structure du texte

☐ Le texte respecte le sujet.

☐ L'introduction annonce le sujet.

☐ Le développement contient trois aspects.

☐ Les aspects sont séparés en paragraphes.

☐ Les aspects sont liés entre eux par des marqueurs de relation.

☐ La conclusion commence par un marqueur de relation. Elle résume le développement et apporte une idée nouvelle.

☐ Le texte contient environ 150 mots (entre 140 et 200 mots).

La syntaxe

☐ Les temps des verbes sont appropriés.

☐ Les noms remplacés par les pronoms **il**, **ils**, **elle**, **elles** sont facilement identifiables.

☐ Le pronom **tu** ne désigne pas un groupe de personne en général.

☐ Les phrases contiennent un groupe sujet et un groupe verbal.

☐ Les phrases négatives contiennent toutes la négation **ne** (ou **n'**).

☐ Les pronoms relatifs sont bien employés.

La ponctuation

☐ Toutes les phrases commencent par une majuscule et se terminent par un point.

☐ Tous les compléments de phrases placés en début de phrase sont suivis d'une virgule.

☐ Tous les marqueurs de relation sont suivis d'une virgule.

☐ **mais**, **car** et **donc** sont précédés d'une virgule.

☐ Les termes des énumérations sont séparés par des virgules.

Le vocabulaire

☐ Les mots utilisés sont précis et variés.

L'orthographe

☐ Tous les verbes sont bien accordés avec leur sujet.

☐ Tous les accords dans les groupes du nom sont corrects.

☐ Tous les mots qui peuvent être des homophones ont été vérifiés.

EXERCICE 26 **Corrige le texte narratif que tu as écrit à la page 29 en cochant toutes les cases ci-dessous.**

La structure du texte

☐ Le texte respecte le sujet.

☐ Dans la situation initiale, on trouve **où** et **quand** se passe l'histoire, **qui** est le personnage principal et **ce qu'il fait**.

☐ Dans le déroulement, on trouve un élément déclencheur, des péripéties, un dénouement.

☐ Dans la situation finale, on trouve ce que fait le personnage ou quelles sont ses réflexions après son aventure.

☐ Il y a un titre.

☐ Le texte contient environ 200 mots (entre 180 et 230 mots).

La syntaxe

☐ Les temps des verbes sont appropriés.

☐ Les noms remplacés par les pronoms **il**, **ils**, **elle**, **elles** sont facilement identifiables.

☐ Le pronom **tu** ne désigne pas un groupe de personne en général.

☐ Les phrases contiennent un groupe sujet et un groupe verbal.

☐ Les phrases négatives contiennent toutes la négation **ne** (ou **n'**).

☐ Les pronoms relatifs sont bien employés.

La ponctuation

☐ Toutes les phrases commencent par une majuscule et se terminent par un point.

☐ Tous les compléments de phrases placés en début de phrase sont suivis d'une virgule.

☐ Tous les marqueurs de relation sont suivis d'une virgule.

☐ **mais**, **car** et **donc** sont précédés d'une virgule.

☐ Les termes des énumérations sont séparés par des virgules.

Le vocabulaire

☐ Les mots utilisés sont précis et variés.

L'orthographe

☐ Tous les verbes sont bien accordés avec leur sujet.

☐ Tous les accords dans les groupes du nom sont corrects.

☐ Tous les mots qui peuvent être des homophones ont été vérifiés.

Mathématique

Numération, géométrie, mesure

> Écris la réponse ou entoure la lettre correspondant à la bonne réponse. Le corrigé est à la page 107.

1 Quel est le plus grand nombre impair que l'on puisse former à l'aide des chiffres de 1 à 6?

2 Par quelle quantité faut-il remplacer le point d'interrogation pour que l'égalité suivante soit vraie?

252 centaines + 5 unités + ? = 25 615

a) 400

b) 4 centaines et 1 dizaine

c) 3400

d) 3 unités de mille et 1 dizaine

3 Quels nombres sont représentés par les lettres A, B et C sur cette droite numérique?

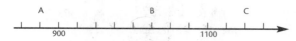

4 Quelle décomposition correspond au nombre suivant: 606 060?

a) $6 \times 10^5 + 6 \times 10^4 + 6 \times 10^0$

b) $6 \times 10^6 + 6 \times 10^5 + 6 \times 10^1$

c) $6 \times 10^5 + 6 \times 10^3 + 6 \times 10^1$

d) aucune

5 Quel nombre vient immédiatement avant 690 000?

a) 699 999

b) 689 000

c) 689 999

d) 599 999

6 À quelle position est arrondi le nombre 460 000?

a) à la dizaine de mille près

b) à la centaine de mille près

7 Comment écrit-on, en lettres, le nombre 2 384?

a) deux milles trois cent quatre-vingt-quatre

b) deux mille trois-cent-quatre-vingt-quatre

c) deux mille trois cent quatre-vingt-quatre

d) deux mille trois cent quatre-vingts-quatre

8 Quels nombres complètent cette suite?

1, 3, 7, 15, _____ , _____

a) 23, 31

b) 31, 63

c) 17, 21

d) 19, 23

9 Quelle expression est équivalente à 5^3?

a) 5×3

b) $3 \times 3 \times 3 \times 3 \times 3$

c) $5 \times 5 \times 5$

d) 3×5

10 Quel nombre correspond à 2^3?

a) 8

b) 6

c) 27

d) 9

11 Encercle les nombres carrés.

1, 6, 9, 44, 49, 64, 72, 80, 99, 100

12 Vrai ou faux?
Soixante-quatre est à la fois un nombre carré et un nombre cubique. _____

13 Procède par estimation pour trouver la somme.

38 684 + 779 + 2 874 + 412

14 Procède par estimation pour trouver la différence.

$$51\ 875 - 8\ 212$$

15 Procède par estimation pour trouver le produit.

$$287 \times 31$$

16 Procède par estimation pour trouver le quotient.

$$49\ 956 \div 9$$

17 Trouve les sommes.

a) $19\ 385 + 315\ 687 + 38$

b) $315 + 15\ 899 + 6\ 709$

18 Trouve les différences.

a) $98\ 000 - 59\ 698$

b) $70\ 806 - 48\ 979$

19 Trouve les produits.

a) 69×86

b) 167×78

20 Trouve les quotients.

a) $3\ 075 \div 5$

b) $11\ 754 \div 9$

c) $5\ 175 \div 25$

d) $36\ 540 \div 12$

21 Quels nombres peuvent remplacer les points d'interrogation dans cette équation?

$$? \times 2 \times 3 \times ? = 72$$

a) 3 et 5

b) 2 et 8

c) 6 et 6

d) 3 et 4

22 Par quel nombre faut-il remplacer le point d'interrogation dans cette équation?

$$? - 20 - 5 = 75$$

a) 60

b) 100

c) 55

d) 95

23 Quel est le résultat de la suite d'opérations ci-dessous?

$$77\ 000 \times 100 \div 10 \div 10 \times 10$$

a) 770 000

b) 770

c) 777 000

d) 77 000

24 Quel est le résultat de cette chaîne d'opérations?

$$60 - 5 \times 6 + 2 \times 5 = ?$$

a) 40

b) 160

c) 340

d) 1 660

25 Quel est le résultat de cette chaîne d'opérations?

$$3 + 12 \div 4 - 1 \times 6$$

a) 30

b) 0

c) 6

d) 18

26 Un marchand achète 24 caisses contenant chacune 36 pamplemousses. Pour vendre ces fruits, il les sépare en sacs de 6.

Quelles opérations faut-il effectuer pour savoir combien de sacs il pourra remplir?

a) une addition et une division

b) une multiplication et une soustraction

c) une addition et une soustraction

d) une multiplication et une division

27 Stéphane peut dépenser 750 $. Il achète d'abord un téléviseur au coût de 400 $, puis il décide d'acheter des disques qui sont en promotion au prix de 25 $ pour 2.

Quelles opérations faut-il effectuer pour savoir combien de disques il peut acheter?

a) une soustraction, une addition et une multiplication

b) une soustraction, une division et une multiplication

c) deux soustractions et une multiplication

28 Quel ensemble contient des nombres qui sont à la fois des diviseurs de 72 et des multiples de 9?

a) {9, 24, 36}

b) {9, 18, 36}

c) {1, 18, 36}

d) {12, 24, 36}

29 Quel nombre est divisible à la fois par 2, par 3, par 5 et par 10?

a) 36 005

b) 45 005

c) 27 600

d) 39 100

30 Quel est le PGCD (plus grand commun diviseur) de 36, 84 et 96?

a) 4

b) 6

c) 12

d) 18

31 Quel est le PPCM (plus petit commun multiple) de 12, 10 et 15?

a) 120

b) 150

c) 90

d) 60

32 Lesquels de ces nombres sont impairs et premiers?

21, 29, 33, 39, 42, 51, 78, 87

a) 21 et 29

b) 29, 39 et 87

c) 42, 29 et 51

d) 29

33 Quelle suite d'opérations représente la décomposition de 72 en un produit de facteurs premiers?

a) $2 \times 2 \times 2 \times 9$

b) $2 \times 4 \times 9$

c) $2 \times 2 \times 2 \times 3 \times 3$

d) $2 \times 2 \times 3 \times 3$

34 Si le thermomètre indique −7 °C le matin et 3 °C à la fin de l'après-midi, laquelle des phrases suivantes traduit le changement de température qui s'est opéré durant la journée?

a) Il y a eu une hausse de 4 degrés.

b) Il y a eu une hausse de 10 degrés.

c) Il y a eu une baisse de 4 degrés.

d) Il y a eu une baisse de 10 degrés.

35 Un plongeur se trouve à une profondeur de 35 mètres. Il remonte de 10 mètres. Lequel de ces nombres indique sa profondeur actuelle?

a) 25

b) −45

c) −25

d) 45

36 Observe les points placés sur cette droite numérique. Quel énoncé est faux?

a) Le point A représente $\frac{1}{3}$.

b) Le point D représente $\frac{5}{12}$.

c) Le point C représente 2 entiers.

d) Le point B représente $1\frac{1}{2}$.

37 Quelle fraction de la figure est ombrée?

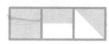

a) $\frac{2}{3}$

b) $\frac{5}{6}$

c) $\frac{3}{4}$

d) $\frac{3}{5}$

38 Quelle fraction de la figure est ombrée?

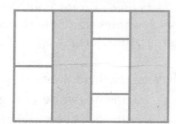

a) $\frac{3}{8}$ c) $\frac{9}{16}$

b) $\frac{1}{2}$ d) $\frac{3}{4}$

39 Quelle fraction de la figure est ombrée?

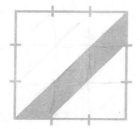

a) 1/2

b) 1/3

c) 5/18

d) 3/4

40 Quel ensemble ne contient que des fractions irréductibles?

a) $\{\frac{7}{9}, \frac{9}{15}, \frac{6}{20}\}$

b) $\{\frac{7}{9}, \frac{11}{15}, \frac{7}{21}\}$

c) $\{\frac{9}{11}, \frac{3}{7}, \frac{8}{15}\}$

d) $\{\frac{15}{21}, \frac{8}{11}, \frac{7}{8}\}$

41 Si l'on réduit les fractions suivantes, quel ensemble obtiendra-t-on?
$$\{\frac{9}{12}, \frac{9}{18}, \frac{9}{24}\}$$

a) $\{\frac{3}{4}, \frac{3}{6}, \frac{3}{8}\}$

b) $\{\frac{3}{4}, \frac{1}{2}, \frac{3}{8}\}$

c) $\{\frac{3}{4}, \frac{2}{3}, \frac{3}{7}\}$

d) $\{\frac{2}{3}, \frac{1}{2}, \frac{9}{24}\}$

42 Quel ensemble contient des expressions équivalentes?

a) $\{\frac{5}{4}, 1\frac{1}{5}\}$

b) $\{1\frac{2}{3}, \frac{5}{3}\}$

c) $\{3\frac{1}{5}, \frac{15}{5}\}$

d) $\{\frac{8}{3}, 2\frac{1}{3}\}$

43 Encercle la plus grande fraction:
$$-\frac{1}{2}, \frac{1}{8}$$

44 Encercle la plus petite fraction:
$$\frac{7}{6} \quad \frac{9}{7} \quad \frac{7}{8}$$

45 Quel ensemble contient deux fractions supérieures à $\frac{1}{2}$?

a) $\{\frac{3}{7}, \frac{4}{10}\}$

b) $\{\frac{6}{11}, \frac{4}{7}\}$

c) $\{\frac{2}{4}, \frac{4}{5}\}$

d) $\{\frac{4}{10}, \frac{7}{13}\}$

46 Place les fractions suivantes en ordre décroissant: $\frac{3}{7} \quad \frac{3}{12} \quad \frac{3}{8}$

_____

47 Trouve la fraction la plus grande en comparant, dans chaque cas, la partie qui manque pour obtenir un entier.
$$\frac{3}{4} \quad \frac{4}{5}$$

48 Quelle est la somme de $\frac{1}{2}$ et $\frac{1}{6}$?

a) $\frac{2}{8}$

b) $\frac{2}{6}$

c) $\frac{4}{6}$

d) $\frac{4}{8}$

49 Quelle est la différence entre $\frac{1}{2}$ et $\frac{1}{8}$?

a) $\frac{3}{8}$

b) $\frac{1}{6}$

c) $\frac{5}{8}$

d) $\frac{2}{6}$

50 Cinq enfants participent à une excursion. Chacun boit le quart d'une bouteille d'eau. Quelle fraction représente la quantité d'eau qu'ils ont bue?

a) $\frac{4}{5}$

b) $\frac{3}{4}$

c) $\frac{5}{4}$

d) 1

51 Résous les équations suivantes.

a) $\frac{2}{3} + \frac{1}{4}$

b) $\frac{5}{4} - \frac{2}{5}$

c) $\frac{3}{4} \times \frac{1}{2}$

d) $16 \times \frac{3}{4}$

52 Quel nombre décimal se lit «six centièmes»?

a) 600,00

b) 0,6

c) 0,06

d) 6,66

53 Quel est le plus grand nombre?

a) 5,5

b) 5,05

c) 5,55

d) 5,505

54 Combien de dixièmes le nombre 2,15 contient-il?

a) 1

b) 15

c) 215

d) 21

55 Que devient 2,5 si on lui ajoute cinq dixièmes?

a) 3,0

b) 2,55

c) 2,10

d) 3,10

56 Que manque-t-il à 0,85 pour obtenir une unité?

a) 15

b) 0,15

c) 1,5

d) 0,25

57 Lequel de ces nombres équivaut à $\frac{3}{4}$?

a) 3,4

b) 0,34

c) 0,75

d) 7,5

58 Quel nombre contient 25 dixièmes et 3 centièmes?

a) 253

b) 25,3

c) 2,53

d) 0,253

59 a) Combien de pièces de 1¢ sont nécessaires pour former 5$?

b) Combien de pièces de 10¢ sont nécessaires pour former 12,50$?

60 Quelle est la somme de 3,35 et 13,2?

a) 16,55

b) 46,7

c) 46, 35

d) 16,37

61 Quelle est la différence entre 5,5 et 3,35?

a) 2,30

b) 3,20

c) 2,15

d) 2,35

62 Quel est le résultat de cette suite d'opérations?

$$2,35 \div 10 \times 100$$

a) 235

b) 0,235

c) 2,35

d) 23,5

63 Quel est le produit de 4,5 × 3?

   a) 1,35

   b) 13,5

   c) 135

   d) 0,135

64 Quel est le quotient de 20,15 ÷ 5?

   a) 403

   b) 43

   c) 4,03

   d) 0,403

65 Lequel de ces pourcentages équivaut au nombre décimal 0,7?

   a) 7%

   b) 0,7%

   c) 17%

   d) 70%

66 Lequel de ces pourcentages est équivalent au nombre décimal 0,125?

   a) 125%

   b) 1,25%

   c) 0,125%

   d) 12,5%

67 Quel ensemble contient des expressions équivalentes?

   a) $\{\frac{1}{4}, 25\%\}$

   b) $\{0,2, \frac{1}{2}\}$

   c) $\{1,5, 15\%\}$

   d) $\{0,4, 4\%\}$

68 Remplis ce tableau.

Fraction irréductible	Nombre décimal	Pourcentage
	0,04	
		65%
5/5		
	0,45	
		125%

69 Lors d'une journée de plein air, la moitié des élèves a choisi de faire de la glissade, le tiers, du patin et les autres, de la raquette. Quelle fraction des élèves a choisi de faire de la raquette?

70 Dans un ensemble de pièces de monnaie anciennes, trois remontent à l'époque romaine, ce qui représente un huitième de la collection. Combien de pièces cette collection contient-elle?

71 Quelles sont les coordonnées du point ci-dessous?

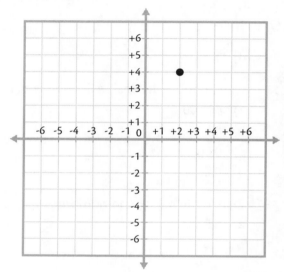

   a) (4, 2)

   b) (2, 4)

   c) (0, 4)

   d) (4, 3)

72 Quelles sont les coordonnées du point qu'il faut ajouter dans ce plan pour former un losange?

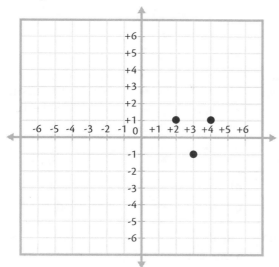

_____

73 Lequel de ces solides n'est pas un polyèdre?

a) cône

b) prisme à base carrée

c) pyramide à base triangulaire

d) cube

74 Lesquelles de ces figures ne sont pas des prismes?

A   B

C   D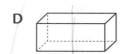

a) A et B

b) C et D

c) B et C

d) B et D

75 Quels solides peut-on construire à l'aide de

a) 6 rectangles?

b) 6 carrés?

c) 4 triangles?

76 Lequel de ces solides contient 5 faces, 9 arêtes et 6 sommets?

a) cube

b) prisme à base triangulaire

c) pyramide à base carrée

d) prisme à base pentagonale

77 Laquelle de ces affirmations est fausse?

a) Un angle aigu mesure moins de 90°.

b) Un angle droit est plus grand qu'un angle aigu.

c) La mesure d'un angle obtus est inférieure à celle d'un angle droit.

d) Un angle droit mesure 90°.

78 Quel polygone possède 4 axes de symétrie?

_____

79 Laquelle de ces figures ne possède pas deux paires de côtés parallèles?

a) losange

b) trapèze

c) parallélogramme

d) rectangle

80 Laquelle de ces figures possède deux paires de côtés perpendiculaires?

a) triangle

b) rectangle

c) trapèze

d) parallélogramme

81 Laquelle de ces figures n'est pas un quadrilatère?

a) trapèze

b) pentagone

c) parallélogramme

d) losange

82 Comment appelle-t-on un triangle qui possède deux côtés de même longueur?

a) triangle rectangle

b) triangle scalène

c) triangle isocèle

d) triangle équilatéral

83 Comment appelle-t-on un triangle qui possède trois angles de 60° ?

a) triangle rectangle

b) triangle scalène

c) triangle isocèle

d) triangle équilatéral

84 Quelles caractéristiques définissent un triangle rectangle isocèle ?

a) un angle droit, deux angles aigus

b) deux côtés congrus, deux angles aigus

c) un angle droit, deux côtés congrus

d) un angle droit, un angle obtus

85 Laquelle de ces affirmations est fausse ?

a) Un triangle peut avoir un angle droit.

b) Un triangle peut avoir un angle obtus.

c) Un triangle peut avoir trois angles aigus.

d) Un triangle peut avoir deux angles droits.

86 Combien de degrés mesure l'angle que parcourt la grande aiguille d'une horloge entre 11 h 25 et 11 h 50 ?

_____

87 Quel segment représente le rayon de ce cercle ?

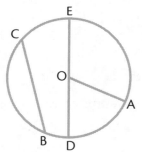

a) $\overline{OA}$

b) $\overline{BC}$

c) $\overline{DE}$

d) O

88 Comment appelle-t-on le pourtour ou le périmètre d'un cercle ?

a) rayon

b) circonférence

c) diamètre

d) périmètre

89 Laquelle de ces affirmations est fausse ?

a) La circonférence est égale à un peu plus de 3 fois le diamètre.

b) Le diamètre est deux fois plus petit que le rayon.

c) Le rayon est égal à la moitié du diamètre.

d) Le diamètre est plus grand que le rayon.

90 Quelle paire d'images a été obtenue grâce à une translation ?

a)

b)

c)

d)

Mathématique

91 Quelle paire d'images a été obtenue grâce à une réflexion?

a)

b)

c)

d)

92 Combien y a-t-il de cm dans 4,6 m?
a) 4600
b) 460
c) 46
d) 46,000

93 Si l'on a parcouru 4 fois une piste qui mesure 500 m, quelle distance a-t-on parcourue en km?
a) 1 km
b) 1,5 km
c) 2 km
d) 2,5 km

94 Combien de dm y a-t-il dans 1,5 m?
a) 15 dm
b) 150 dm
c) 1500 dm
d) 15 000 dm

95 Quel est le périmètre d'un carré mesurant 5 cm de côté?
a) 20 cm
b) 10 cm
c) 25 cm
d) 50 cm

96 Combien mesure le côté d'un carré dont le périmètre est 100 cm?
a) 20 cm
b) 50 cm
c) 25 cm
d) 10 cm

97 Quelle est l'aire d'un carré qui mesure 6 cm de côté?
a) 36 cm^2
b) 36 cm
c) 30 cm^2
d) 24 cm^2

98 Un carré a une aire de 100 cm^2. Quelle est la mesure d'un de ses côtés?
a) 50 cm
b) 10 cm
c) 20 cm
d) 25 cm

99 Quel est le périmètre d'un rectangle qui mesure 5 m de longueur et 4 m de largeur?
a) 20 m
b) 10 m
c) 18 m
d) 9 m

100 Un rectangle a un périmètre de 28 m. Sa longueur est de 10 m. Quelle est sa largeur?
a) 4 m
b) 18 m
c) 8 m
d) 14 m

101 Quelle est l'aire d'un rectangle qui mesure 8 m de longueur par 3 m de largeur?
a) 30 m^2
b) 24 m^2
c) 16 m^2
d) 11 m^2

Mathématique

102 L'aire d'un rectangle est de 56 m². Sa longueur est de 8 m. Quelle est sa largeur?

a) 14 m

b) 28 m

c) 7 m

d) 21 m

103 Un cube mesure 5 cm de côté. Quel est son volume?

a) 25 cm²

b) 25 cm³

c) 125 cm²

d) 125 cm³

104 Une boîte ayant la forme d'un prisme rectangulaire a un volume de 100 dm³. Elle mesure 5 dm de largeur et 10 dm de longueur. Quelle est sa hauteur?

a) 2 dm

b) 5 dm

c) 10 dm

d) 20 dm

105 Combien y a-t-il de litres dans 400 mL?

a) 0,4 L

b) 4 L

c) 40 L

d) 0,04 L

106 Combien de cL une bouteille de 1,5 L contient-elle?

a) 150 cL

b) 15 cL

c) 1500 cL

d) 0,15 cL

107 Combien de plaquettes pesant chacune 100 g pourront remplacer une seule plaquette pesant 2 kg?

a) 20

b) 2000

c) 200

d) 2

108 Combien y a-t-il de minutes dans une heure et trois quarts?

a) 105 minutes

b) 90 minutes

c) 115 minutes

d) 95 minutes

109 Combien de secondes une heure contient-elle?

a) 360

b) 60

c) 36 000

d) 3 600

110 Dans lequel de ces ensembles les mois ont-ils tous le même nombre de jours?

a) {janvier, février, avril}

b) {avril, juin, juillet}

c) {septembre, novembre, avril}

d) {juillet, août, septembre}

111 Sylvain est allé garder ses petits voisins. Il est arrivé à 21h et a gardé pendant 5h 15 min. À quelle heure est-il retourné chez lui?

a) à minuit

b) à 5h 15 min

c) à 2h 15 min

d) à 1h 15 min

112 Julie a reçu les notes de deux examens de mathématique: 70% et 80%. Quelle est sa moyenne pour ces deux examens?

a) 72%

b) 75%

c) 78%

d) 80%

113 À deux examens de calcul mental, Philippe a obtenu des notes de 8 et 9 sur 10. Quelle note doit-il obtenir au 3ᵉ examen pour avoir une moyenne de 8 sur 10 pour l'ensemble des trois épreuves?

a) 10

b) 9

c) 7

d) 8,5

114 On a interrogé 400 élèves pour connaître leurs lectures préférées. Les résultats sont inscrits dans ce diagramme circulaire.

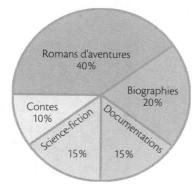

D'après ce diagramme, combien d'élèves ont répondu qu'ils préféraient les romans d'aventures?

a) 40

b) 80

c) 120

d) 160

115 Autrefois, les bulletins comportaient un diagramme comme celui-ci, où l'on pouvait lire la moyenne de l'élève et celle de son groupe.

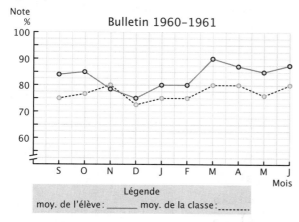

a) Pendant combien de mois cet élève a-t-il eu une moyenne supérieure à celle de son groupe? _____

b) Pendant combien de mois a-t-il obtenu une note d'au moins 85%? _____

c) Pendant combien de mois le groupe a-t-il eu une moyenne inférieure à 80%?

_____

d) Comment appelle-t-on ce type de diagramme?

_____

116 Capucine dépose dans une boîte les noms des sept jours de la semaine et choisit au hasard la journée où elle va s'entraîner au gymnase. Quelle est la probabilité que la journée pigée soit un mot se terminant par la syllabe «di»? _____

117 Un pot contient 6 jetons rouges et 4 jetons jaunes. Tu piges une première fois et tu obtiens un jeton jaune que tu mets dans ta poche. Tu piges à nouveau. Quelle est, cette fois, la probabilité de piger un jeton jaune?

_____

118 Dans un sac qui contient 9 billes, il y a deux fois plus de billes noires que de billes blanches. Quelle est la probabilité de tirer une bille blanche? _____

119 On jette un dé dont les faces sont numérotées de 1 à 6. Est-il plus probable d'obtenir un nombre pair ou un nombre impair? _____

120 Quelle est la probabilité de tirer les cartes suivantes d'un jeu de 52 cartes?

a) une carte noire? _____

b) une figure (valet, dame ou roi) rouge? _____

c) un valet noir? _____

d) un as de cœur? _____

121 Des parents ont déjà une fille. Quelle est la probabilité qu'ils aient un garçon la prochaine fois?

a) $\frac{1}{4}$ b) $\frac{1}{2}$ c) $\frac{3}{4}$

122 On dépose dans un chapeau les lettres de l'alphabet. Quelle est la probabilité de piger une voyelle? _____

123 Julia et Théodore n'aiment pas laver la vaisselle. Ils déposent les lettres de leur prénom dans un sac et pigent une lettre pour savoir qui va effectuer le travail. Ce procédé est-il juste? Pourquoi?

_____

_____

124 Un bocal contient 12 boules: des blanches, des vertes et des rouges. Sachant qu'on a une chance sur trois de piger une boule blanche et une chance sur 4 de piger une boule verte, trouve le nombre de boules rouges contenues dans ce bocal.

_____

125 Un participant à un jeu télévisé fait tourner la roulette chanceuse. Quelle est la probabilité qu'il ne gagne rien? Utilise un rapporteur d'angles pour te faciliter la tâche.

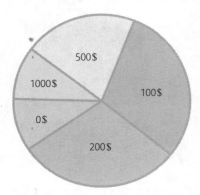

a) $\frac{1}{5}$

b) $\frac{1}{8}$

c) $\frac{1}{12}$

d) $\frac{1}{10}$

Culture générale

Arts, univers social, science

Pour chaque question, entoure la lettre correspondant à la bonne réponse. Le corrigé est à la page 119.

1 Quelle planète est surnommée la planète bleue?
- **a)** la Lune
- **b)** Vénus
- **c)** la Terre
- **d)** Mars

2 Dans la tradition chrétienne, comment appelle-t-on les trois Rois mages?
- **a)** Abraham, Isaac, Moïse
- **b)** Melchior, Gaspard, Balthazar
- **c)** Matthieu, Luc, Jean

3 Quel type de végétation composé d'arbres nains, de lichens et de mousse se retrouve dans les régions nordiques?
- **a)** la forêt tropicale
- **b)** la toundra
- **c)** la savane

4 Quel mot désigne un type de végétation?
- **a)** taïga
- **b)** blizzard
- **c)** équateur

5 «La Fourmi n'est pas... C'est là son moindre défaut.»

Quel mot complète la phrase ci-dessus, tirée de la fable de La Fontaine intitulée *La Cigale et la Fourmi*?
- **a)** voleuse
- **b)** tricheuse
- **c)** prêteuse
- **d)** menteuse

6 À quel continent appartiennent le Japon, le Vietnam, l'Inde et la Chine?
- **a)** à l'Asie
- **b)** à l'Océanie
- **c)** à l'Afrique
- **d)** à l'Europe

7 Quel type de forêt est le plus répandu au Québec?
- **a)** la forêt boréale
- **b)** la taïga
- **c)** l'érablière
- **d)** la forêt vierge

8 Vrai ou faux?

Quand c'est l'hiver dans l'hémisphère Nord de la Terre, c'est l'été dans l'hémisphère Sud.
- **a)** vrai
- **b)** faux

9 Lequel des pays suivants n'est pas situé en Europe?
- **a)** Ukraine
- **b)** Maroc
- **c)** Portugal

10 Vrai ou faux?

Les Jeux olympiques ont lieu tous les cinq ans.
- **a)** vrai
- **b)** faux

11 Vrai ou faux?

La Russie, le Canada et la Chine sont les trois pays du monde qui ont la plus grande superficie.
- **a)** vrai
- **b)** faux

12 Lequel des trois personnages suivants était peintre?

a) Léonard de Vinci

b) Beethoven

c) Shakespeare

13 Qu'est-ce qu'un référendum?

a) une plante

b) une consultation

c) un animal

d) un outil de jardinage

14 Chez les Amérindiens, comment appelle-t-on l'ensemble des gens qui ont un lien de parenté?

a) une caste

b) un clan

c) une bande

d) une horde

15 Qui a prouvé que la Terre était ronde?

a) Jacques Cartier

b) Samuel de Champlain

c) Fernand de Magellan

d) Christophe Colomb

16 Qui a découvert l'Amérique?

a) Jacques Cartier

b) Samuel de Champlain

c) Fernand de Magellan

d) Christophe Colomb

17 Qu'est-ce que le scorbut?

a) un fruit

b) un arbre

c) une maladie

d) un médicament

18 Par qui est administrée une ville?

a) par un ministre

b) par un maire

c) par un président

19 De quand date la première voiture?

a) 1586

b) 1886

c) 1956

20 Dans quel but a été fondée l'Organisation des Nations Unies (ONU)?

a) maintenir la paix et la sécurité internationale

b) lutter contre la pollution

c) construire une station spatiale internationale

21 Qu'est-ce que l'UNICEF?

a) un organisme international qui s'occupe des personnes âgées

b) un organisme international qui s'occupe des adultes

c) un organisme international qui s'occupe des enfants

22 Lequel de ces sports n'est pas un art martial?

a) le judo

b) le volley-ball

c) le karaté

d) l'aïkido

23 Lequel de ces personnages est un écrivain?

a) Pablo Picasso

b) Vincent Van Gogh

c) Jean de La Fontaine

24 Qui était Charles Perrault?

a) un musicien

b) un écrivain

c) un peintre

25 Qu'est-ce que la Colombie?

a) un fruit

b) un animal

c) un pays

d) une fleur

26 Qui était Jules César?

    a) un roi français

    b) un empereur romain

    c) un pharaon égyptien

27 En quelle année Christophe Colomb a-t-il découvert l'Amérique?

    a) 692

    b) 1492

    c) 1892

28 En quelle année la télévision a-t-elle été inventée?

    a) 1723

    b) 1923

    c) 1953

29 Comment s'appelle, de nos jours, le pays des Gaulois?

    a) l'Angleterre

    b) la France

    c) l'Italie

    d) l'Allemagne

30 Lequel des personnages suivants n'est pas un chevalier de la Table ronde?

    a) Lancelot

    b) Arthur

    c) Hercule

    d) Gauvin

31 Comment appelle-t-on un journal qui paraît tous les mois?

    a) un quotidien

    b) un hebdomadaire

    c) un mensuel

32 D'après le proverbe, qu'est-ce qui porte conseil?

    a) le vent

    b) la pluie

    c) la nuit

33 Quel est l'emblème de la Croix-Rouge?

    a) une croix blanche sur fond rouge

    b) une croix blanche sur fond bleu

    c) une croix rouge sur fond blanc

    d) une croix rouge sur fond bleu

34 Qui était George Washington?

    a) un président américain

    b) un chanteur américain

    c) un comédien américain

    d) un astronaute américain

35 Les hommes du Moyen Âge connaissaient-ils les allumettes?

    a) oui

    b) non

    c) peut-être

36 Comment s'appelle la petite fille dont les aventures se passent au Pays des merveilles?

    a) Carole

    b) Alice

    c) Dorothée

    d) Anne

37 Dans les contes des *Mille et Une Nuits*, quel personnage s'écrie: «Sésame, ouvre-toi!»?

    a) Sindbad

    b) Ali Baba

    c) Peter Pan

38 Qui a écrit *Les Malheurs de Sophie*?

    a) la comtesse de Ségur

    b) la comtesse de Sémur

    c) la comtesse de Saumur

39 Comment s'appelle l'épouse d'Ulysse, héros de *L'Odyssée*?

    a) Hélène

    b) Cléopâtre

    c) Pénélope

Culture générale

40 Quel livre raconte les aventures de Mowgli, Bagheera et Baloo?
a) *L'Île au trésor*
b) *Le Livre de la jungle*
c) *Le Tour du monde en 80 jours*

41 Qui suis-je?
J'ai semé des petits cailloux pour retrouver mon chemin.
a) Merlin
b) Gulliver
c) le Petit Poucet
d) Cendrillon

42 Qui était Victor Hugo?
a) un peintre
b) un écrivain
c) un musicien

43 À quelle fréquence reviennent les années bissextiles?
a) tous les trois ans
b) tous les quatre ans
c) tous les cinq ans

44 Qu'est-ce qu'un *astéroïde*?
a) un petit corps céleste
b) une petite plante
c) un petit animal

45 Quel mot complète la liste des sens?
la vue, l'ouïe, l'odorat, le goût…
a) le sentir
b) le toucher
c) le palper
d) le tâter

46 Quelle est la capitale de la France?
a) Madrid
b) Washington
c) Paris
d) Ottawa

47 Quel mot complète la liste?
incisives, canines…
a) molaires
b) polaires
c) annulaires

48 Zéro degré Celsius est la température à laquelle l'eau…
a) … gèle.
b) … bout.
c) … s'évapore.

49 Quel astre doit-on suivre pour se diriger vers le nord?
a) la planète Mars
b) la Lune
c) l'étoile Polaire

50 Vrai ou faux?
Tous ces fruits ont des noyaux.
prune – pêche – pomme – abricot
a) vrai
b) faux

51 L'énergie hydraulique est produite par:
a) le gaz;
b) le vent;
c) l'eau;
d) le charbon.

52 Quel mot complète la liste des continents?
Asie, Afrique, Océanie, Amérique, Antarctique…
a) Italie
b) Russie
c) Europe
d) Tunisie

53 Quel mot complète la liste des océans?
Indien, Atlantique, Arctique, Antarctique…
a) Pacifique
b) Mississippi
c) Méditerranée
d) Adriatique

54 Comment appelle-t-on une personne qui se déplace beaucoup et n'a pas d'habitation fixe?

a) un nomade
b) un grade
c) une brigade
d) une ambassade

55 À quel sport est associé le Super Bowl?

a) au tennis
b) au hockey
c) au football
d) au soccer

56 À quoi sert un télécopieur?

a) à transmettre des documents
b) à imprimer des documents
c) à visionner des documents

57 Vrai ou faux?

La mer est bleue parce que son fond est bleu.

a) vrai
b) faux

58 Quel phénomène entraîne le réchauffement de la Terre?

a) la pollution
b) la sécheresse
c) la disparition de certaines espèces animales

59 Quel animal est l'emblème de la paix?

a) la colombe
b) le lion
c) l'âne

60 Sur une carte géographique, où est le nord-ouest?

a) en haut à droite
b) en haut à gauche
c) en bas à droite
d) en bas à gauche

61 Comment s'appelle le célèbre chevalier espagnol qui combattait les moulins à vent?

a) Ulysse
b) Lancelot
c) Don Quichotte

62 Qu'est-ce qui n'est pas une ressource naturelle?

a) l'eau
b) le pétrole
c) le gaz
d) le verre

63 Lequel des êtres imaginaires suivants vit dans l'eau?

a) le gnome
b) la sirène
c) l'elfe

64 Quel est le siège de la présidence aux États-Unis?

a) la Maison Blanche
b) la Maison Verte
c) la Maison Rouge

65 Combien de jours y a-t-il au mois de février dans une année non bissextile?

a) 28
b) 29
c) 30

66 Quelles sortes de voitures sont moins polluantes?

a) les voitures qui fonctionnent à l'essence sans plomb
b) les voitures qui fonctionnent au diesel
c) les voitures qui fonctionnent à l'électricité

67 À quel sport est associée la coupe Davis?

a) au tennis
b) au hockey
c) au football
d) au soccer

68 À quel sport est associée la coupe Grey?
 a) au tennis
 b) au hockey
 c) au football
 d) au soccer

69 À quel sport est associé le Mondial?
 a) au tennis
 b) au hockey
 c) au football
 d) au soccer

70 Quel est le satellite de la Terre?
 a) Mars
 b) la Lune
 c) Vénus

71 Je déplace mon fou de trois cases. À quel jeu est-ce que je joue?
 a) au Monopoly
 b) aux dames
 c) aux échecs
 d) au rami

72 Combien d'années dure un demi-siècle?
 a) 5 ans
 b) 50 ans
 c) 500 ans

73 Comment Jules César écrivait-il cinq?
 a) 5
 b) V
 c) IIIII

74 Un employé a deux semaines de vacances par an. Combien de semaines travaille-t-il dans l'année?
 a) 49
 b) 50
 c) 51
 d) 52

75 Qu'est-ce qui n'est pas une ressource naturelle?
 a) l'électricité
 b) la pierre
 c) le fer
 d) le vent

76 Laquelle des caractéristiques suivantes s'applique seulement à une autoroute?
 a) Les voitures circulent sur trois voies.
 b) Les deux sens opposés de la circulation sont séparés.
 c) Beaucoup de voitures y circulent.
 d) La chaussée est recouverte d'asphalte.

77 Comment s'appelle la cérémonie qui récompense les personnalités du cinéma aux États-Unis?
 a) les Césars
 b) les Oscars
 c) les Jutras

78 À quel siècle se situe l'année 1650?
 a) au 15e siècle
 b) au 16e siècle
 c) au 17e siècle
 d) au 19e siècle

79 Comment s'écrit le nombre 16 en chiffres romains?
 a) XIIIIII
 b) VIX
 c) XVI
 d) XIV

80 La capitale d'un pays, c'est:
 a) la ville la plus peuplée d'un pays;
 b) la ville où siège le gouvernement d'un pays;
 c) la ville la plus célèbre du pays;
 d) la ville la plus vieille d'un pays.

81 Quelle date est traditionnellement consacrée aux farces?

a) le 1er janvier

b) le 1er avril

c) le 1er juillet

82 Qui est le créateur du personnage Mickey?

a) Charlie Chaplin

b) Hergé

c) Walt Disney

83 Qu'est-ce qu'une constellation?

a) Un groupe d'étoiles qui forment un dessin dans le ciel.

b) Un ensemble de milliards d'étoiles.

c) L'ensemble des planètes qui tournent autour du Soleil.

84 Dans quel pays sont situées les villes suivantes?

Naples, Florence, Venise, Rome

a) en France

b) en Espagne

c) en Angleterre

d) en Italie

85 Qu'est-ce qui est toujours différent d'un être humain à l'autre?

a) le nombre de dents

b) les empreintes digitales

c) la couleur des yeux

86 Vrai ou faux?

Les vaches ne portent pas de cornes.

a) vrai

b) faux

87 Lequel des pays suivants n'est pas situé en Afrique?

a) Sénégal

b) Algérie

c) Iran

d) Côte d'Ivoire

88 Que fabrique-t-on à partir de céréales?

a) de la bière

b) du cidre

c) du vin

89 Lequel des animaux suivants n'est pas un mammifère?

a) le tigre

b) la baleine

c) le crocodile

d) le loup

90 Lequel des animaux suivants est un carnivore?

a) le taureau

b) le gorille

c) le hibou

d) l'écureuil

91 Lequel des personnages suivants est un peintre?

a) Mozart

b) Beethoven

c) Rembrandt

d) Bach

92 Lequel des instruments de musique suivants est un instrument à vent?

a) la guitare

b) la harpe

c) la trompette

d) le xylophone

93 Lequel des aliments suivants n'est pas un fromage?

a) mozzarella

b) mangue

c) gruyère

d) brie

94 Dans un empire, qui est le chef de l'État?

a) un roi

b) un premier ministre

c) un empereur

Culture générale

95 Qu'est-ce qui n'est pas une maladie?
a) la rougeole
b) le lactose
c) la varicelle
d) la tuberculose

96 Lequel des animaux suivants n'est pas un reptile?
a) crocodile
b) serpent
c) tortue
d) ver de terre

97 Lequel des mots suivants ne désigne pas une planète?
a) Neptune
b) Mercure
c) Jupiter
d) Zeus

98 Comment appelle-t-on l'alphabet en relief utilisé par les aveugles?
a) le morse
b) le braille
c) le cyrillique

99 Quel mot n'appartient pas au vocabulaire informatique?
a) logiciel
b) microprocesseur
c) Internet
d) malaxeur

100 Qu'est-ce qui n'est pas un métal précieux?
a) l'argent
b) l'or
c) l'encens

Habiletés logiques

Logique numérique, verbale, visuelle

Pour chaque question, entoure la lettre correspondant à la bonne réponse. Le corrigé est à la page 129.

1 Le nombre 326 481 se lit à l'envers...
- a) 186 423
- b) 184 623
- c) 184 263
- d) 184 632

2 Si l'on additionne les chiffres pairs du nombre 452 316, on obtient:
- a) 11;
- b) 12.

3 Vrai ou faux?

On peut obtenir 36 en multipliant deux des nombres suivants.

12   5   3   6   4
- a) vrai
- b) faux

4 Vrai ou faux?

Lorsqu'il est huit heures moins vingt-cinq, il est sept heures trente-cinq.
- a) vrai
- b) faux

5 Combien de pattes ont 6 chèvres et 3 pigeons?
- a) 9
- b) 24
- c) 30

6 Une personne fait le tour d'un jardin carré. Elle met 1 min 20 pour longer le premier côté, 1 min 20 pour longer le deuxième côté, 1 min 20 pour longer le troisième côté, puis 80 secondes pour longer le quatrième côté. Est-ce possible?
- a) oui
- b) non

7 Combien de minutes s'écoulent entre 10 h 50 et 11 h 20?
- a) 20
- b) 30
- c) 40

8 Vrai ou faux?

Les nombres 364 891 et 184 396 contiennent les mêmes chiffres.
- a) vrai
- b) faux

9 Il faut un code pour pénétrer dans un repaire de brigands. Un brigand dit un nombre à chaque visiteur, et celui-ci en répond un autre.

Le brigand dit vingt au 1er visiteur, celui-ci répond 5 et entre.
Le brigand dit quinze au 2e visiteur, celui-ci répond 6 et entre.
Le brigand dit huit au 3e visiteur, celui-ci répond 7 et il est refusé.
Le brigand dit dix au 4e visiteur, celui-ci répond 3 et entre.
Un espion se présente, le brigand dit quatorze.

Que doit répondre l'espion pour entrer?
- a) 5
- b) 6
- c) 7
- d) 8

10 Quel nombre est le tiers de la moitié de 60?
- a) 30
- b) 20
- c) 10

11 Quelle lettre continue la suite?
A B D E H I M...
- **a)** N
- **b)** O
- **c)** P
- **d)** Q

12 Les nombres ci-dessous vont ensemble selon une même règle. Découvre d'abord cette règle, puis trouve le nombre qui remplace le point d'interrogation.

3, 9   5, 25   7, ?

- **a)** 8
- **b)** 36
- **c)** 18
- **d)** 49

13 Quel cube correspond au développement ci-dessous?

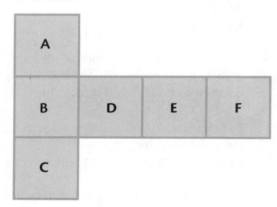

- **a)**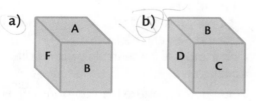
- **b)**
- **c)**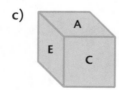

14 Les nombres des cases ci-dessous suivent une même règle. Trouve les nombres qui remplacent les points d'interrogation.

- **a)** 9, 16
- **b)** 9, 15
- **c)** 8, 14
- **d)** 10, 15

4	6	9
7	?	12
11	13	?

15 Nous sommes vendredi. Quel jour serons-nous quand après-demain sera hier?
- **a)** samedi
- **b)** dimanche
- **c)** lundi

16 Sans me les montrer, mon frère me tend les quatre 10 d'un jeu de cartes. Combien ai-je de chances de tirer un 10 rouge?
- **a)** 4 chances
- **b)** 3 chances
- **c)** 2 chances
- **d)** 1 chance

17 On peut dire que 64 est à 8 ce que 25 est à:
- **a)** 4;
- **b)** 5;
- **c)** 6.

18 Trois ouvriers ont mis 12 jours pour construire un pont. Combien de temps auraient mis 12 ouvriers?
- **a)** 3 jours
- **b)** 4 jours
- **c)** 12 jours

19 Un seul et même nombre peut remplacer le point d'interrogation dans les deux équations suivantes. Lequel?

$3 \times ? = ?$ $9 \times ? = ?$

- **a)** 0
- **b)** 10
- **c)** 100

20 Quel est l'intrus ?

3, 5, 7, 9, 11

a) 3

b) 5

c) 7

d) 9

21 Quel est l'intrus ?

25, 36, 42, 64, 81

a) 25

b) 36

c) 42

d) 64

22 Vrai ou faux ?

Clothilde et Mathilde ont la même somme puisque l'une a $\frac{3}{4}$ de 1$ et que l'autre a 0,75$.

a) vrai

b) faux

23 On peut dire que 425 est à 452 ce que 838 est à :

a) 383;

b) 388;

c) 883.

24 Qu'est qui est représenté sur une pièce de 5¢ ?

a) D'un côté, la reine d'Angleterre ; de l'autre, un castor.

b) D'un côté, la reine d'Angleterre ; de l'autre, un orignal.

c) D'un côté, la reine d'Angleterre ; de l'autre, un bateau à voile.

25 Dans l'alphabet, quelle lettre précède celle qui suit le H ?

a) G

b) H

c) I

26 Lequel des mots suivants ne contient pas les mêmes lettres que *verser* ?

a) revers

b) verre

c) sevrer

27 Parmi les mots suivants, un seul ne va pas avec les autres. Lequel ?

a) partir

b) quitter

c) s'éloigner

d) provenir

28 Le mot PANTALON se lit à l'envers :

a) NOALTNAP ;

b) NOLANTAP ;

c) ONLATNAP ;

d) NOLATNAP.

29 Vrai ou faux ?

Les mots suivants contiennent les mêmes lettres.

POULES, LOUPES, SOUPLE

a) vrai

b) faux

30 Quel mot ne va pas avec les autres ?

a) diminuer

b) déployer

c) réduire

d) affaiblir

31 Quel est le contraire du mot **endurance** ?

a) résistance

b) fragilité

c) patience

d) force

32 Une araignée double sa toile chaque jour. Au bout de 10 jours, elle a recouvert la moitié de ma fenêtre. Dans combien de jours aura-t-elle recouvert toute la fenêtre ?

a) 100 jours

b) 20 jours

c) 1 jour

33 Quel mot ne va pas avec les autres ?

a) achever

b) terminer

c) déclencher

d) interrompre

Habiletés logiques

34 L'agneau est à la brebis ce que le veau est à:

a) la ferme;

b) la vache;

c) le lait;

d) la campagne.

35 Quelle phrase se cache dans les lettres
I R L A K C C C D?

a) Isidore Roux, l'animal kangourou, cherche comment courir debout.

b) Involontaire ricaneur, l'ami koala couine comme cinq diables.

c) Hier, elle a cassé ses CD.

36 Quelle phrase est cachée dans ces lettres?

$$\frac{P}{G}$$

a) Papa est plus grand que grand-papa.

b) Gare aux panthères.

c) J'ai soupé.

d) J'ai dîné.

37 La jument est au cheval ce que la brebis est:

a) à l'agneau;

b) au mouton;

c) au lait;

d) au fromage.

38 Quel fruit complète la liste?

abricot, banane, cerise, datte, citron, bleuet...

a) poire

b) ananas

c) pomme

39 L'œuf est à la poule ce que le fruit est à:

a) la feuille;

b) l'arbre;

c) la nature.

40 Le stéthoscope est au médecin ce que l'aiguille est à:

a) la boulangère;

b) la fermière;

c) la couturière.

41 Quel groupe de lettres continue la suite?

AZBY   CXDW   EVFU

a) GTSH

b) FTGS

c) GTHS

42 Quel groupe de mots complète logiquement la phrase suivante?

Mon père boit beaucoup de café _____ nocif pour lui.

a) parce que cela est

b) bien que cela soit

c) puisque cela est

43 Quel mot complète logiquement la phrase suivante?

Léon part toujours à l'heure, _____ il arrive toujours en retard.

a) car

b) mais

c) puisqu'

d) ainsi

44 Vrai ou faux?

Avec les deux dernières lettres de chacun des mots suivants, on peut former le prénom *Ernest*.

LAVER   TEST   BALEINE

a) vrai

b) faux

45 La terre est à l'agriculteur ce que la mer est au:

a) bateau;

b) marin;

c) poisson;

d) nageur.

46 Quel mot complète logiquement la phrase suivante?

Il avait tellement changé qu'il était...

a) méconnaissable;

b) identique;

c) ressemblant;

d) semblable.

47 Deux pères et deux fils sont dans une pièce. Est-il possible qu'il n'y ait que trois personnes dans la pièce?

a) oui

b) non

48 Quel est le contraire de **persévérant**?

a) patient

b) ferme

c) changeant

d) fidèle

49 *Il a plu samedi.*

Si l'on ajoute **av** devant chaque voyelle de cette phrase, celle-ci devient:

a) AVIL AVA PLAVU SAMAVEDAVI;

b) AVIL AVA PLUVA SAVAMAVEDAVI;

c) AVIL AVA PLAVU SAVAMAVEDAVI.

50 Quelle figure remplace le point d'interrogation dans l'ensemble ci-dessous?

a) ⊄

b) ⊅

c) ⊅

d) ⊄

⊂	–	⊆
⊂	/	?

51 Quelle figure complète la série?

a)

♠	♥
♣	♦

b)

♠	♣
♥	♦

c)

♠	♥
♦	♣

52 Quel dessin complète la série?

a)

b)

c)

d)

53

et sont à

ce que et sont à

a)

b)

c)

54 Combien y a-t-il de rectangles dans cette figure?

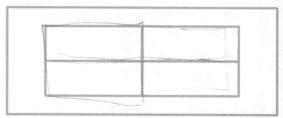

a) 4

b) 6

c) 8

d) 10

Habiletés logiques

55 Quelle est la figure manquante ?

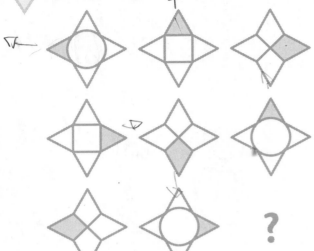

a)

b)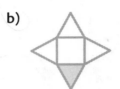

c)

56 Quelle série ne contient pas les mêmes symboles que les autres ?

a) % & ⊗ ⊕ ® © ▽
b) ® % ⊘ ⊗ & © ▽
c) & ⊗ ⊕ ▽ ® © %
d) ⊕ ▽ ⊗ % © & ®

57 Une voiture roule vers l'ouest. Pour aller vers le nord, elle doit tourner :

a) à gauche ;
b) à droite.

58 Qui est le frère du fils du frère de mon père ?

a) mon frère
b) mon oncle
c) mon cousin

59 Quel jour serons-nous la veille du lendemain de lundi ?

a) dimanche
b) lundi
c) mardi

60 Tu marches en direction de l'ouest. Puis, tu tournes à droite et, deux rues plus loin, tu tournes encore à droite. Vers quel point cardinal te diriges-tu maintenant ?

a) le nord
b) le sud
c) l'est
d) l'ouest

61 Quel parcours ne conduit pas au même point que les autres ?

a) → → ↑ → ↓ → →
b) → ↑ → ↓ → → →
c) → → ↑ → → ↓ →
d) → → ↑ → ↓ → ↑

62 Max fait la queue à l'arrêt d'autobus. Il est le 4e à partir de la fin et le 6e à partir du début. Combien y a-t-il de personnes dans la queue ?

a) 2
b) 9
c) 10

63 Mon chat ronronne seulement quand je le caresse. Il ne ronronne jamais pour d'autres raisons. Il ne ronronne pas en ce moment. Donc…

a) … je l'ai déjà caressé.
b) … je ne le caresse pas.
c) … il n'est pas content.
d) … il est en train de dormir.

Habiletés logiques

64 Pierre dit: «Je suis allé au Pérou.»

Paul dit: «Pierre est allé au Pérou.»

Jacques dit: «Paul est allé au Pérou.»

Si Pierre, Paul et Jacques ne disent jamais la vérité, lequel des trois est allé au Pérou?

a) Pierre

b) Paul

c) Jacques

65 Un hamster se creuse un tunnel à travers un livre de 500 pages. Sans compter la couverture, à travers combien de feuilles passera-t-il?

a) 250

b) 498

c) 500

66 Si je dis à quelqu'un: «Je sais que tu sais qu'il sait que je sais», combien de personnes sommes-nous à savoir?

a) 2

b) 3

c) 4

67 Si Pierre est plus vieux que Paul, Paul plus vieux que Jean, Jean plus vieux que Jacques, quelle affirmation est vraie?

a) Pierre est plus jeune que Jean.

b) Paul est plus vieux que Jacques.

c) Paul est plus jeune que Jacques.

d) Jacques est plus vieux que Pierre.

68 Agathe avait trois crayons dans sa trousse. Deux de ces crayons étaient de la même couleur. Si elle a perdu un crayon bleu, quelle affirmation est fausse?

a) Il lui reste deux crayons de la même couleur.

b) Il lui reste un crayon bleu.

c) Il lui reste deux crayons bleus.

d) Il lui reste un crayon rouge.

69 Ce matin, Anne, Jeanne et Diane sont venues chez moi. Si Anne n'est pas arrivée la première et que Jeanne est arrivée après les autres, dans quel ordre sont-elles arrivées?

a) Diane, Jeanne, Anne

b) Jeanne, Anne, Diane

c) Diane, Anne, Jeanne

70 Pierre est plus grand que Paul et moins grand que Jacques. Dans quel ordre seront-ils si on les place du plus grand au plus petit?

a) Pierre, Paul, Jacques

b) Paul, Pierre, Jacques

c) Jacques, Pierre, Paul

71 L'une a les cheveux courts, l'autre a les cheveux longs. L'une a les cheveux châtains, l'autre a les cheveux roux. Marie n'a pas les cheveux longs. Noémie n'a pas les cheveux roux.

Quelle affirmation est vraie?

a) Noémie a des cheveux courts châtains.

b) Marie a des cheveux longs roux.

c) Marie a des cheveux courts roux.

d) Noémie a des cheveux longs roux.

72 Suzie veut faire une soupe aux légumes. Il y a dans le réfrigérateur des carottes, des tomates, des navets, des haricots verts, un chou-fleur et des oignons. Laurence déteste les haricots verts, les légumes préférés de Raphaël sont les tomates et les haricots verts, Camille est allergique aux navets et aux tomates. Avec quels légumes Suzie devra-t-elle faire une soupe pour que tout le monde soit content?

a) carottes, tomates, chou-fleur

b) navets, chou-fleur, oignons

c) carottes, haricots verts, chou-fleur

d) carottes, chou-fleur, oignons

Habiletés logiques

73 La flèche d'un cadenas pointe le zéro. Si je fais un demi-tour vers la droite, puis deux tours complets vers la gauche et un demi-tour à droite, la flèche pointera-t-elle de nouveau le zéro?

a) oui

b) non

74 Quatre personnes se rencontrent. Chaque personne fait un clin d'œil à chacune des trois autres. Combien de clins d'œil ont été faits?

a) 12

b) 16

c) 9

75 Si l'on place devant un miroir une montre à aiguilles qui indique 3 h 00, quelle heure verra-t-on?

a) 8 h 00

b) 9 h 00

c) 3 h 00

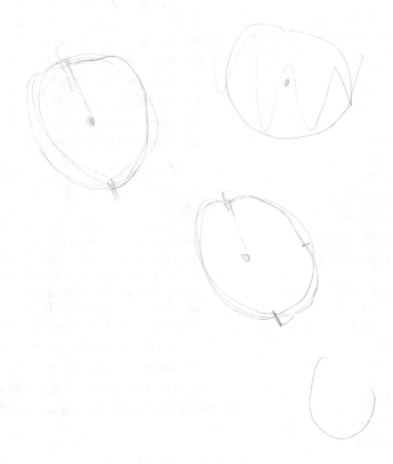

Corrigé

Français

Le groupe du nom

1 **a)** vrai

Un groupe du nom peut être un nom propre ou un nom accompagné d'autres mots qui le complètent: déterminant, adjectif, groupe du nom, etc.

Exemples: **Gabriel** est malade. **Le chat de la voisine** est malade.

2 **a)** gâteau

Dans cette phrase, le groupe du nom est **Ce gâteau aux carottes**. Dans ce groupe du nom, le nom **gâteau** est complété par le déterminant **Ce** et par les mots **aux carottes**.

3 **a)** vrai

Un groupe du nom est un nom auquel se rattachent d'autres mots qui le complètent: déterminants, adjectifs, groupes du nom, etc. Ici, **qui est assise sous cet arbre** complète le nom **femme**.

Le groupe sujet (GS)

4 **a)** Mon amie Jeanne et son frère

Dans une phrase, le groupe sujet (GS) répond à la question **qui est-ce qui?** ou **qu'est-ce qui?** posée avant le verbe. **Qui est-ce qui** élève des perruches? Ce sont **Mon amie Jeanne et son frère** qui élèvent des perruches.

5 **a)** le groupe sujet

Dans une phrase, le groupe sujet (GS) répond à la question **qui est-ce qui?** ou **qu'est-ce qui?** posée avant le verbe. **Qu'est-ce qui** était rouge de colère? C'est **le visage de l'inconnu** qui était rouge de colère.

6 **a)** vrai

Dans cette phrase, le groupe sujet est le verbe à l'infinitif *chanter*. **Qu'est-ce qui** rend joyeux? C'est **chanter** qui rend joyeux.

7 **a)** le groupe sujet

Le groupe sujet est généralement placé avant le verbe, mais il peut être placé après le verbe. Dans une phrase interrogative, le groupe sujet est généralement placé après le verbe.

8 **c)** chien

Dans cette phrase, le groupe sujet est **Le chien de Paul et Félix**. Les mots **de Paul et Félix** complètent **chien**. Donc, le noyau du groupe sujet est **chien**.

9 **d)** *tu* et *ils*

Le groupe sujet du verbe *croire* est **tu**. Le groupe sujet du verbe *dire* est **ils**.

Les types de phrases

10 **d)** exclamative

Une phrase exclamative permet d'exprimer une émotion vive: la surprise, la colère, la joie, la peur, l'admiration, etc. Une phrase exclamative se termine par un point d'exclamation. (Une phrase déclarative permet de dire, de raconter, de déclarer quelque chose. Une phrase interrogative permet de poser une question. Une phrase impérative sert à donner un ordre, un conseil, une interdiction.)

11 **b)** Comment les girafes attrapent-elles leur nourriture?

Pour construire une phrase interrogative qui contient un mot interrogatif (comment) et un groupe sujet (les girafes), il faut placer après le verbe un pronom personnel (avec un trait d'union) qui reprend le groupe sujet (-elles).

12 **b)** interrogative

Une phrase interrogative sert à poser une question. Elle se termine par un point d'interrogation.

13 **a)** impérative

Une phrase impérative sert à donner un ordre, un conseil, une interdiction.
Exemple: Viens ici tout de suite.
Une phrase exclamative permet d'exprimer une émotion vive: la surprise, la colère, la joie, la peur, l'admiration, etc. Une phrase interrogative permet de poser une question. Une phrase déclarative permet de dire, de raconter, de déclarer quelque chose.

Les phrases positives et les phrases négatives

14 **a)** Viens-tu?

Une phrase positive ne contient pas de mots de négation (ne… pas). Tous les types de phrases – déclarative, interrogative, exclamative, impérative – peuvent être à la forme positive.

Le groupe du verbe (GV)

15 **b)** le groupe du verbe

Un groupe du verbe (GV) est un verbe conjugué ou un groupe de mots dont le noyau est un verbe conjugué.

16 **b)** le complément direct

Le complément direct complète le sens du verbe. Il est relié directement au verbe, sans préposition. Pour trouver le complément direct, on pose la question **qui?** ou **quoi?** après le verbe. *Nous avons préparé* quoi? *Une bonne tarte aux bleuets.*

17 **b)** le complément direct

Le complément direct complète le sens du verbe. Il est relié **directement** au verbe, sans préposition. Pour trouver le complément direct, on pose la question **qui?** ou **quoi?** après le verbe.

Corrigé

18 **c)** le complément indirect

Le complément indirect complète le sens du verbe. Le complément indirect répond aux questions **à qui ? à quoi ? de qui ? de quoi ?** posées après le verbe. Il est souvent relié au verbe par les prépositions **de** ou **à**.

19 **c)** le complément indirect

Le complément indirect complète le sens du verbe. Le complément indirect est un mot ou un groupe de mots qui répond aux questions **où ? comment ? combien ?** posées après le verbe, et qui ne peut être ni déplacé ni supprimé.

20 **c)** le complément indirect

Le complément indirect complète le sens du verbe. Le complément indirect répond aux questions **à qui ? à quoi ? de qui ? de quoi ?** posées après le verbe. Il est souvent relié au verbe par les prépositions **de** ou **à**.

21 **c)** lui

Le complément indirect complète le sens du verbe. Le complément indirect répond aux questions **à qui ? à quoi ? de qui ? de quoi ?** posées après le verbe. Attention, il n'est pas toujours relié au verbe par une préposition. (Un habitant du village montre le chemin **à qui ?** À **lui**.)

22 **c)** le complément indirect

Le complément indirect complète le sens du verbe. Le complément indirect répond aux questions **à qui ? à quoi ? de qui ? de quoi ?** posées après le verbe. Attention, il n'est pas toujours relié au verbe par une préposition : La vieille dame parle **à qui ?** À **moi** (me).

23 **a)** l'attribut

Un attribut est un mot relié au sujet par un verbe attributif. Les verbes attributifs sont employés pour attribuer une caractéristique au sujet du verbe. Les principaux verbes attributifs sont : *être, paraître, sembler, demeurer, devenir, rester*.

24 **d)** disparaître

Les principaux verbes attributifs sont : *être, paraître, sembler, demeurer, devenir, rester*. Les verbes attributifs sont employés pour attribuer une caractéristique au sujet du verbe. Exemple : Léa **semble** fatiguée.

Le complément de phrase

25 **c)** complément de phrase

Le complément de phrase complète le sens de la phrase. Il répond aux questions **où ? quand ? comment ? pourquoi ?** posées après le groupe du verbe. Si le complément de phrase est déplacé ou supprimé, la phrase garde toujours un sens.

26 **a)** vrai

Le complément de phrase peut être déplacé – cela ne change pas le sens de la phrase –, et il peut être supprimé – la phrase garde toujours un sens.
Exemple : **Ce matin**, j'ai rencontré Jeanne.
J'ai rencontré Jeanne **ce matin**.
J'ai rencontré Jeanne.

Corrigé

L'accord du verbe

27 c) Dans toute la forêt résonnaient les hurlements du loup.

Le **noyau** du groupe sujet (les **hurlements** du loup) donne au verbe (résonnaient) sa personne et son nombre. Le verbe doit donc être à la 3e personne du pluriel.

28 b) … suis arrivé le premier.

Le sujet du verbe est le pronom relatif **qui**. Le verbe reçoit sa personne et son nombre de l'antécédent de **qui** (**moi**, 1re personne du singulier).

29 c) … chantez à l'unisson.

Quand le sujet est constitué de plusieurs mots (**Sacha**, **Sarah** et **toi**), le verbe se met au pluriel. Quand le sujet est constitué de noms et de pronoms de personnes différentes, le verbe se met à la personne qui a la priorité: la 1re personne l'emporte sur la 2e et sur la 3e personne, la 2e personne (**toi**) l'emporte sur la 3e personne (**Sacha**, **Sarah**).

30 b) à la 1re personne du pluriel

Quand le sujet est constitué de plusieurs pronoms (**Toi** et **moi**), le verbe se met au pluriel. Quand le sujet est constitué de pronoms de personnes différentes, le verbe se met à la personne qui a la priorité: la 1re personne (**moi**) l'emporte sur la 2e (**Toi**) et sur la 3e personne, la 2e personne l'emporte sur la 3e personne.

31 b) faux

Quand le sujet est le pronom relatif **qui**, le verbe reçoit sa personne et son nombre du mot remplacé par **qui** (l'antécédent). Exemples: C'est **elle** qui **est** venue. (3e pers. du sing.) C'est **moi** qui **suis** venu. (1re pers. du sing.) C'est **nous** qui **sommes** venus. (1re pers. du plur.)

32 a) entendais

Le sujet (je) donne au verbe sa personne et son nombre.

33 c) Tout le monde est arrivé en avance.

Quand le sujet est un nom collectif (monde), le verbe se met au singulier. (Un nom collectif est un nom qui est au singulier même s'il désigne plusieurs personnes, plusieurs animaux ou plusieurs choses. Exemples: foule, groupe, meute, troupeau.)

Le genre

34 a) masculin

35 c) indice

36 c) secrète

Neuf adjectifs masculins terminés par **-et** se terminent par **-ète** au féminin: complet, complète; incomplet, incomplète; concret, concrète; désuet, désuète; discret, discrète; indiscret, indiscrète; inquiet, inquiète; replet, replète; secret, secrète.

37 **c)** champione (champio**nn**e)

Les noms et les adjectifs masculins terminés par -**on**, -**en**, -**el** et -**eil** doublent la consonne finale au féminin. Exemples : un lion, une lionne ; sien, sienne ; actuel, actuelle ; vermeil, vermeille.

38 **b)** muette

La plupart des adjectifs masculins terminés par -**et** se terminent par -**ette** au féminin.

39 **a)** porteur

La plupart des noms et des adjectifs terminés par -**teur** au masculin finissent par -**trice** au féminin (imitatrice, organisatrice, productrice), sauf quelques-uns dont la terminaison est -**teuse**. Exemples : porteuse, chanteuse, menteuse.

40 **c)** mineur

Les autres mots font au féminin : moqueuse, curieuse, joyeuse.

41 **b)** paysane

Les noms et les adjectifs terminés par -**an** ne doublent pas le **n** au féminin (courtisane, faisane, sultane), sauf **paysan** qui fait **paysanne**.

Le nombre

42 **d)** totals

Les noms et les adjectifs terminés par -**al** changent -**al** en -**aux** au pluriel (totaux, nationaux). Certains noms et adjectifs terminés par -**al** prennent un **s** au pluriel : bal**s**, carnaval**s**, cérémonial**s**, chacal**s**, festival**s**, récital**s**, régal**s**, **banals**, **fatals**, **natals**, navals.

43 **d)** noyau, traîneau, adieu, feu

Les noms et les adjectifs terminés par -**eu** et -**au** prennent un **x** au pluriel (noyau**x**, traîneau**x**, adieu**x**, feu**x**), sauf **bleu**, **pneu**, **sarrau** et **landau**, qui prennent un **s** (bleu**s**, pneu**s**, sarrau**s**, landau**s**).

44 **b)** bijou, caillou, chou, pou

Sept noms terminés par -**ou** prennent un **x** au pluriel : bijou**x**, caillou**x**, chou**x**, genou**x**, hibou**x**, joujou**x**, pou**x**. Les autres mots en -**ou** prennent un **s** (fou**s**, mou**s**, sou**s**).

45 **d)** éventail

Les noms et les adjectifs terminés par -**ail** prennent un **s** au pluriel (éventail**s**, détail**s**). Six noms terminés par -**ail** changent -**ail** en -**aux** : un bail, des b**aux** ; un corail, des cor**aux** ; un émail, des ém**aux** ; un travail, des trav**aux** ; un soupirail, des soupir**aux** ; un vitrail, des vitr**aux**.

46 **c)** choux-fleurs

Dans un mot composé, seuls les noms et les adjectifs prennent la marque du pluriel. Exemples : des longue**s**-vue**s**, des couvre-lit**s**.

47 **b)** quatre cents

Le déterminant numéral **cent** prend un **s** au pluriel s'il est multiplié et s'il n'est pas suivi d'un autre nombre. Exemple : quatre cents (cent est multiplié par quatre), quatre cent deux (cent est suivi du nombre deux).

48 ▸ **b)** quatre-vingt-deux

Les nombres composés inférieurs à **cent** prennent un trait d'union s'ils ne sont pas reliés par *et*. **Vingt** prend un **s** seulement quand il est multiplié et qu'il n'est pas suivi d'un autre nombre.

Exemples: vingt **et** un; quatre-vingt-deux; quatre-vingts (4 × 20).

L'accord dans le groupe de nom

49 ▸ **c)** belle

Le groupe sujet de la phrase, **un très belle arbre**, est un groupe du nom. Il faut écrire **un très bel arbre**, parce que dans un groupe du nom les adjectifs prennent le genre et le nombre du nom qu'ils accompagnent. On emploie l'adjectif **bel** à la place de **beau** devant un nom masculin singulier commençant par une voyelle ou un **h** muet (un **bel** arbre, un **bel** habit).

50 ▸ **a)** Quel

Quel est un déterminant. Dans un groupe du nom, les déterminants prennent le genre et le nombre du nom qu'ils accompagnent. Il faut donc écrire: **Quelle** mouche l'a piqué?

51 ▸ **a)** …vert foncé

Lorsqu'on emploie deux mots pour désigner une couleur, ces deux mots restent invariables (Des foulards vert foncé).

52 ▸ **a)** Exténués et ravis, les élèves célébraient la victoire en chantant.

Les participes passés **Exténués** et **ravis** précisent le groupe du nom **les élèves**, qui est au pluriel. Il faut donc les mettre au pluriel. Si l'on sait que les élèves sont des filles et des garçons, il faut écrire **Exténués** et **ravis** au masculin pluriel.

53 ▸ **b)** J'ai un panier de bleuets bien plein.

Il y a plusieurs bleuets dans le panier, il faut donc mettre un **s** à bleuets. C'est le panier qui est bien plein, et non les bleuets, il ne faut donc pas mettre de **s** à plein.

54 ▸ **b)** blessés

Lorsqu'un adjectif ou un participe passé (blessés) précise deux noms (genou, cheville), il se met au pluriel. Si les deux noms ne sont pas du même genre (un genou, une cheville), l'adjectif ou le participe passé se met au masculin.

L'accord de l'attribut

55 ▸ **a)** … chère.

L'adjectif qui termine la phrase est relié au sujet (casquette) par un verbe attributif (est). Il est donc attribut du sujet. L'attribut du sujet reçoit son genre et son nombre du sujet.

56 ▸ **a)** des filles

Puisque le participe passé **punies**, qui est attribut du sujet, est au féminin, on en déduit que le sujet (Ces élèves) est féminin et qu'il désigne des filles.

Corrigé

57   **d)**   Mes petites sœurs sont parties hier soir.

Le participe passé employé avec *être* reçoit son genre et son nombre du noyau du groupe sujet. Ici, le noyau du groupe sujet (sœurs) est au féminin pluriel, le participe passé (parties) doit donc être au féminin pluriel.

58   **b)**   ... fatigués.

Le participe passé employé avec un verbe attributif (paraissent) reçoit son genre et son nombre du noyau du groupe sujet. Ici, le noyau du groupe sujet (garçons) est au masculin pluriel, le participe passé (fatigués) doit donc être au masculin pluriel.

59   **b)**   féminin

Puisque l'adjectif **fière**, qui est attribut du sujet, est au féminin, on en déduit que le sujet (Dominique) désigne une fille et qu'il est féminin.

Les classes de mots

60   **d)**   joyeusement

Un adverbe est un mot invariable qui précise ou modifie le sens d'un verbe, d'un adjectif ou d'un autre adverbe. Exemples: Il marche **joyeusement**. Un ciel **très** bleu. Il marche **trop** lentement. (Abonnement, éloignement et déplacement sont des noms.)

61   **a)**   vrai

Les pronoms relatifs relient le mot ou le groupe de mots qu'ils remplacent à la proposition qui suit.
Exemples:
Les enfants **qui** jouent sont mes cousins.
Les enfants **que** tu as vus sont mes cousins.
Les enfants **dont** je parle sont mes cousins.
L'endroit **où** je vais est secret.

62   **b)**   faux

Ce sont des pronoms démonstratifs.

63   **c)**   possessifs

Les pronoms possessifs sont: le mien, la mienne, les miens, les miennes, le tien, la tienne, les tiens, les tiennes, le sien, la sienne, les siens, les siennes, le nôtre, la nôtre, les nôtres, le vôtre, la vôtre, les vôtres, le leur, la leur, les leurs.

64   **b)**   un déterminant

Dans cette phrase, **ce** est un déterminant démonstratif. Les déterminants démonstratifs servent à désigner quelqu'un ou quelque chose comme si on le montrait du doigt.

65   **b)**   les

Les peut être un déterminant défini (**les** chiens, **les** chats) ou un pronom personnel de la 3e personne du pluriel (je **les** vois venir); **tu** est un pronom personnel; **celle** est un pronom démonstratif; **se** est un pronom personnel.

66 **a)** Nous

Un pronom personnel peut remplacer un mot ou un groupe de mots. Si un pronom personnel remplace plusieurs mots au singulier (*Jeanne, moi*), il se met au pluriel. Lorsque les mots sont de personnes différentes, (*Jeanne*: elle; *moi*: je) la 1re personne l'emporte sur la 2e et sur la 3e personne, la 2e personne l'emporte sur la 3e personne.

67 **a)** celle

Celle est un pronom démonstratif qui est toujours suivi d'un complément. Les autres choix sont impossibles. **La sienne** et **celle-là** ne sont jamais suivis d'un complément. Exemple: Prends ma main, je prendrai la sienne.

La conjugaison

68 **a)** l'indicatif imparfait

Les terminaisons de l'indicatif imparfait: je jou**ais**; tu jou**ais**; il, elle jou**ait**; nous jou**ions**; vous jou**iez**; ils jou**aient**.

69 **b)** -erais

La première partie de la phrase (Si tu voulais) exprime une condition à l'aide de l'imparfait. Donc, le verbe *recommencer* doit être à l'indicatif conditionnel présent.
Les terminaisons de l'indicatif conditionnel présent des verbes en **-er**: je recommenc**erais**; tu recommenc**erais**; il, elle recommenc**erait**; nous recommenc**erions**; vous recommenc**eriez**; ils, elles recommenc**eraient**.

70 **a)** Il a eu

Le passé composé du verbe *avoir*: j'ai eu; tu as eu; il, elle a eu; nous avons eu; vous avez eu; ils, elles ont eu.

71 **c)** avais

Après **si**, le verbe doit être à l'indicatif plus-que-parfait parce que le deuxième verbe est au conditionnel passé. Dans cette phrase, le groupe sujet (j') est à la 1re personne du singulier.

72 **d)** l'indicatif passé simple

Les terminaisons de la 3e personne du singulier et de la 3e personne du pluriel de l'indicatif passé simple des verbes en **-er**: il, elle arriv**a**; ils, elles arriv**èrent**.

73 **c)** au subjonctif présent

Après **il faut que**, on met le verbe au subjonctif.
Les terminaisons du subjonctif présent des verbes en **-er**: (que) je chant**e**; (que) tu chant**es**; (qu')il, elle chant**e**; (que) nous chant**ions**; (que) vous chant**iez**; (qu')ils, elles chant**ent**.

74 **c)** finisses

Les terminaisons du subjonctif présent des verbes en **-ir**: (que) je finiss**e**; (que) tu finiss**es**; (qu')il, elle finiss**e**; (que) nous finiss**ions**; (que) vous finiss**iez**; (qu')ils, elles finiss**ent**.

75 **c)** Finis ta phrase.

Dans cette phrase, le verbe est à l'impératif présent.
Les terminaisons de l'impératif présent des verbes en **-ir**: fini**s**, finiss**ons**, finiss**ez**.

76 **c)** Tu es allé

Le passé composé du verbe **aller**: je suis allé (allée); tu es allé (allée); il (elle) est allé (allée); nous sommes allés (allées); vous êtes allés (allées); ils (elles) sont allés (allées). Attention! Puisque le verbe *aller* se conjugue avec l'auxiliaire *être*, le participe passé se met au féminin si le sujet est féminin, et au pluriel si le sujet est au pluriel.

77 **b)** reçois

L'indicatif présent du verbe *recevoir*: je re**ç**ois; tu reçois; il, elle re**ç**oit; nous re**c**evons; vous re**c**evez; ils, elles re**ç**oivent. Attention à la cédille sous le **c** devant les voyelles **o** et **u** dans la conjugaison des verbes *recevoir*, *apercevoir*, *décevoir*, *percevoir*.

78 **b)** cueillant

Certains verbes en -**ir** ont un participe présent en -**ant**: courant, ouvrant.
D'autres verbes en -**ir** ont un participe en -**issant**: finissant, rougissant, réfléchissant.

79 **a)** réfléchi

La plupart des verbes en -**ir** (ceux qui se conjuguent comme *finir*) ont le participe passé en -**i** (fin**i**).

80 **b)** -ds

Les terminaisons de l'indicatif présent des verbes qui se conjuguent comme *rendre*: je ren**ds**; tu ren**ds**; il, elle ren**d**; nous rend**ons**; vous rend**ez**; ils, elles rend**ent**.

81 **b)** -ts

Les terminaisons de l'indicatif présent des verbes qui se conjuguent comme *mettre*: je me**ts**; tu me**ts**; il, elle me**t**; nous mett**ons**; vous mett**ez**; ils, elles mett**ent**.

82 **c)** vécut

Les terminaisons de la 3e personne du singulier et du pluriel de l'indicatif passé simple du verbe *vivre*: il, elle véc**ut**; ils, elles véc**urent**.

83 **c)** à l'indicatif conditionnel présent

Les terminaisons de l'indicatif conditionnel présent des verbes en -**er**: je partag**erais**; tu partag**erais**; il, elle partag**erait**; nous partag**erions**; vous partag**eriez**; ils, elles partag**eraient**.

84 **c)** sembler

Il se conjugue avec l'auxiliaire *avoir*. Le passé composé du verbe *sembler*: j'ai semblé; tu as semblé; il, elle a semblé; nous avons semblé; vous avez semblé; ils, elles ont semblé.

La ponctuation

85 **b)** matin

Il faut mettre une virgule après un complément de phrase lorsque celui-ci est placé au début de la phrase.
Exemple: Ce matin, je pars en voyage.

86 **a)** vrai

Dans une phrase, il faut séparer les éléments d'une énumération par des virgules. Les éléments d'une énumération peuvent être des objets, des qualités, des actions, etc.

87 **a)** un point

Cette phrase n'est pas interrogative (malgré la présence du mot interrogatif **pourquoi**), c'est une phrase déclarative et elle doit se terminer par un point.

Les homophones

88 **c)** C'est

C'est est formé du verbe *être* (est) et du pronom démonstratif **c'**. On écrit **c'est** quand on peut le remplacer par **ce n'est pas**. Exemple: C'est (ce n'est pas) le plus beau jour de ma vie.

89 **c)** **Ce** garçon **se** réveillera bientôt.

Ce est un déterminant démonstratif. On peut le remplacer par un autre déterminant (**Le** garçon). **Se** est un pronom personnel, on peut le remplacer par un autre pronom: Ce garçon **me** réveillera bientôt.

90 **b)** Quelle

Quelle est un déterminant interrogatif féminin singulier. Dans cette phrase, il reçoit son genre et son nombre du nom **histoire**. Pour le reconnaître, on peut le remplacer par **laquelle** ou **lequel**: **Laquelle** est ton histoire préférée?

91 **a)** s'est

S'est est formé à partir du pronom personnel **s'** et du verbe *être* à la 3e personne de l'indicatif présent. Pour le reconnaître, on peut mettre la phrase à la 1re personne du singulier: Je **me suis** endormi…

92 **b)** m'a

M'a est formé du pronom personnel **m'** et de l'auxiliaire *avoir* à la 3e personne du singulier de l'indicatif présent. On peut le remplacer par **m'avait**: Ma meilleure amie **m'avait** tout raconté.

93 **b)** à

À est une préposition. Il faut écrire **à** (avec un accent) quand on ne peut pas le remplacer par **avait**: C'est ~~avait~~ toi de jouer.

94 **a)** la voix

La **voie** est un chemin.
Voit est le verbe *voir* à la 3e personne du singulier de l'indicatif présent.

95 **c)** qu'elle

Qu'elle est formé de la conjonction **que** et du pronom personnel **elle**; il peut être remplacé par **qu'il**.

96 **a)** ces

Ces est un déterminant démonstratif. Il indique que l'on montre quelque chose. On peut le remplacer par le déterminant démonstratif au singulier **ce**: Est-ce que **ce** livre est à toi?

97 **b)** ses

Ses est un déterminant possessif. Il indique une possession. On peut le remplacer par le déterminant possessif au singulier **sa** (ou **son**): Il me tendit **sa** main gelée.

La majuscule

98 **b)** En Belgique, les Belges parlent français et mangent du chocolat belge.

Les noms de pays (Belgique) et les noms de peuples (les Belges) s'écrivent avec une majuscule. Dans cette phrase, **français** désigne une langue et **belge** est un adjectif.

L'orthographe d'usage

99 **c)** x

tou**x**, choi**x**, noi**x**, voi**x**, jalou**x**, épou**x**, pri**x**, pai**x**

100 **a)** -ement

On trouve toujours un **e** muet à l'intérieur de mots formés à partir de verbes terminés par **-uer**, **-ier**, **-ouer**, **-yer**.

Exemples: étern**uer** → éternu**ement**, remerc**ier** → remerci**ement**, dév**ouer** → dévou**ement**, abo**yer** → aboi**ement**.

101 **c)** ha-

habitant, **ha**sard, **ha**lte, **ha**bile

102 **b)** -er

bijouti**er** senti**er** quarti**er** chanti**er**

Les noms masculins s'écrivent **-tier**.
Les noms féminins s'écrivent **-tié**. Exemples: ami**tié**, moi**tié**.

103 **d)** permition

Il faut écrire **permission**.

104 **b)** acceuil

Il faut écrire **accueil**.
Le son **euil** s'écrit **ueil** lorsqu'il est précédé d'un **c**, pour garder au **c** le son dur.
Exemples: cueillir, accueillir.

105 **d)** hôraire

Il faut écrire **horaire**.

Les marqueurs de relation

106 **a)** mais

Les marqueurs de relation relient des mots ou des phrases. On utilise **mais** pour exprimer une opposition.

Exemple: J'aimerais devenir pompier, **mais** j'ai peur du feu.

107 **b)** grâce à

Les marqueurs de relation relient des mots ou des phrases. On utilise **grâce à** pour exprimer une conséquence heureuse.

Exemple: J'ai gagné mon pari **grâce à** toi.

108 **c)** même si

Les marqueurs de relation relient des mots ou des phrases. On utilise **même si** pour exprimer une opposition.

Exemple: Hugo continue à lire **même si** sa mère lui dit de dormir.

Le vocabulaire

109 **b)** au sens figuré

Le sens figuré d'un mot est lié à l'image que ce mot évoque. Au sens propre, l'adjectif **glacial** signifie très froid. Au sens figuré, il signifie rebutant, hautain.

110 **b)** Redresser le dos.

111 **b)** une sombre histoire

112 **c)** une promenade

Dans l'expression «dévorer un roman», le verbe *dévorer* est employé au sens figuré et signifie lire avec avidité. Dans l'expression «dévorer un sandwich», il est employé au sens propre et signifie manger avec avidité.

113 **b)** au sens figuré

Le sens figuré d'un mot est lié à l'image que ce mot évoque. Au sens propre, la tête est la partie supérieure du corps, au sens figuré, la tête peut représenter l'esprit, la partie supérieure d'un objet, ou encore un chef.

114 **b)** découvrir

Dans cette expression, le verbe *percer* est employé au sens figuré.

115 **d)** Avoir mal aux pieds.

116 **b)** dé-

Le préfixe **dé-** indique le contraire.

Exemples: **dé**loyal (le contraire de **loyal**), **dé**mêler (le contraire de **mêler**).

117 **c)** ir-

irréel, **ir**réaliste, **ir**régulier

118 **c)** recevoir

119 **c)** post-

anti- signifie *contre*.
pré- signifie *avant*.
re- signifie *de nouveau*.

120 c) précieux

121 c) inscrit

Dans le mot inscrit, le préfixe **in-** indique l'intérieur.

122 d) remplacer

123 c) intrus

124 e) répandre

125 a) manigancer

126 c) informé

127 c) est publié

128 c) énumérer

129 b) l'insérer

130 c) terrible

Une famille de mots est l'ensemble des mots qui contiennent un même mot ou un élément qui a le même sens. L'adjectif **terrible** se dit de quelque chose qui inspire la terreur. Il est de la même famille que terreur.

131 c) contempler

Une famille de mots est l'ensemble des mots qui contiennent un même mot ou un élément qui a le même sens (**compt**er, **compt**able, **compt**e, **compt**abilité).

132 b) éclaircir

133 b) faire bouillir

134 b) éteindre

135 a) vrai

Certains noms d'animaux n'ont pas de féminin. Exemples: corbeau, crapaud, perroquet, serpent, souris.

136 b) échouer

137 b) Être sur les dents.

138 a) S'installer dans un pays étranger pour y vivre.

Quitter son pays natal pour aller vivre dans un autre pays, c'est émigrer.
Voyager d'une région à une autre à certaines saisons, c'est migrer.

139 **d)** une meute

Une harde est un troupeau de bêtes sauvages qui vivent ensemble.
Une tribu est un groupe de familles descendant d'un même ancêtre et vivant sous l'autorité d'un même chef.
Un banc de poissons est une grande quantité de poissons de la même espèce qui se déplacent dans l'eau.

140 **c)** froissement

Le bruissement est le bruit des feuilles.
Le crissement est le bruit des pneus.
Le tintement est le bruit des cloches.

141 **c)** dompter

142 **b)** une opposition

143 **c)** un jonc

144 **b)** Les vipères sont des serpents vénéneux.

«Vénéneux» se dit d'un aliment qui renferme du poison.

145 **a)** personnellement

146 **d)** reculer

Les verbes *cheminer, progresser* et *s'élancer* indiquent un déplacement vers l'avant.

147 **d)** s'effondrer

Les verbes *grimper, gravir* et *escalader* indiquent un déplacement vers le haut.

L'ordre alphabétique

148 **c)** cidre

Dans un dictionnaire, un mot dont la 2e lettre est un **i** se retrouvera après un mot dont la 2e lettre est un **h** (**ch**eminée, **ch**iffre, **ci**dre).

149 **c)** numéro

Dans un dictionnaire, un mot dont la 2e lettre est un **u** se retrouvera après un mot dont la 2e lettre est un **o**. Si sa 3e lettre est un **m**, il se retrouvera après un mot dont la 3e lettre est un **i** (n**o**uveau, nu**i**sible, n**um**éro).

150 **c)** tiare, tignasse, tisserand, tisonnier

Dans l'ordre alphabétique: tiare, tignasse, tisonnier, tisserand (un mot dont la 4e lettre est un **o** vient avant un mot dont la 4e lettre est un **s**).

Production écrite

		Descriptif	Narratif
a)	Qu'attends-tu de ton école secondaire? Énumère au moins trois aspects d'une école secondaire qui sont importants à tes yeux.	√	☐
b)	Raconte une histoire dont voici la première phrase. «C'est l'automne, le vent souffle en rafales sur la campagne déserte.»	☐	√
c)	Ce matin, Clothilde a mis deux chaussettes de couleurs différentes. Raconte sa journée à l'école.	☐	√
d)	Tu te présentes à l'examen d'admission de notre école secondaire. Parle-nous de toi. Dis-nous pourquoi nous devrions t'admettre dans notre établissement.	√	☐
e)	Tu vas bientôt quitter l'école primaire. Décris-la, telle que tu la conserveras dans ton souvenir.	√	☐
f)	Raconte une histoire dont voici le début. «Depuis des années, Blandine vit seule avec ses dix-huit chats. Un soir...»	☐	√
g)	La journée est terminée. Tous les élèves sont sortis de la classe, sauf Jacob. Raconte ce qui arrive.	☐	√
h)	Quel a été ton professeur préféré au primaire? Décris-le.	√	☐

EXERCICE 2

Exemples de réponses

Les professeurs
– sympathiques
– sévères
– expliquent bien

L'uniforme
– bel uniforme
– évite d'avoir à choisir ses vêtements
– évite d'être obligé de bien s'habiller

Les activités parascolaires
– sports
– théâtre
– voyages

Votre école

Le programme scolaire
– programme enrichi
– devoirs

Les locaux
– classes
– gymnase
– cafétéria
– laboratoires
– bibliothèque

La discipline
– ambiance de travail

Introduction   Quand j'ai visité votre école, lors des portes ouvertes, j'ai été impressionné. Je vous parlerai ici des trois principales raisons pour lesquelles j'aimerais la fréquenter: les locaux, les activités parascolaires et l'uniforme.

Développement

1er aspect   Tout d'abord, j'ai trouvé les classes grandes, très bien éclairées et magnifiquement décorées. J'ai tout de suite eu le goût de venir m'y asseoir. Quant au gymnase, je n'en ai jamais vu d'aussi bien équipé.

2e aspect   Ensuite, j'ai constaté que les activités parascolaires sont extrêmement variées. Comme je joue au hockey, je voudrais faire partie de l'équipe de l'école. Je suis aussi attiré par le théâtre, car je rêve d'en faire depuis longtemps.

3e aspect   Finalement, je pense que l'uniforme est important. Cela évite aux élèves de se demander chaque matin ce qu'ils vont se mettre sur le dos. Grâce à l'uniforme, personne ne se sent obligé de s'habiller comme une carte de mode!

Conclusion   Pour conclure, j'espère être accepté dans votre école dont les locaux, les activités parascolaires et l'uniforme m'ont vraiment plu. De plus, certains de mes amis vont fréquenter votre école l'an prochain et j'aimerais beaucoup les retrouver.

Note: Pour que tu comprennes bien la structure du texte, nous avons identifié l'introduction, le développement et la conclusion. Lorsque tu rédiges ton texte, tu n'as pas à le faire.

EXERCICE 3

Exemples de réponses

PLAN

LA SITUATION INITIALE

Où ?	*Dans une maison*
Quand ?	*Un soir*
Qui ?	*Germaine*
Quoi ?	*Elle compte ses chats*

LE DÉROULEMENT

L'élément déclencheur :	*Elle s'aperçoit qu'une chatte n'est pas rentrée.*
Les péripéties :	*– Elle est inquiète.*
	– Elle fait les cent pas.
	– Elle fait le guet à la fenêtre.
	– Elle s'endort.
Le dénouement :	*Elle entend gratter à la porte. Sa chatte lui a apporté un chiot.*

LA SITUATION FINALE

Germaine adopte le chiot.

Titre	**Avril a disparu**
Situation initiale	Depuis des années, Germaine vit seule dans une petite maison avec ses dix-huit chats. Un soir, Germaine compte ses chats pour vérifier s'ils sont tous bien rentrés.
Déroulement Élément déclencheur	Quatorze, quinze, seize, dix-sept… Quatorze, quinze, seize, dix-sept… dix-sept! Germaine refait le tour de la maison, inspecte tous les recoins, compte de nouveau ses chats. Elle arrive toujours à dix-sept. Il manque un chat! C'est Avril, la petite chatte grise, qui a disparu.
Péripéties	Germaine est très inquiète. Avril n'a pas l'habitude de rester dehors si tard. Il est sûrement arrivé quelque chose. Germaine fait les cent pas dans la cuisine, puis elle s'installe dans sa chaise berçante, près de la fenêtre, pour faire le guet. Les heures passent et Germaine finit par s'endormir.
Dénouement	Soudain, elle se réveille en sursaut. Elle a entendu un léger grattement à la porte d'entrée. Elle se précipite et ouvre la porte. Sur le palier, Avril est là, tenant par la peau du cou un chiot d'à peine une semaine.
Situation finale	Enfin, tout s'explique: Avril n'a pas voulu abandonner ce chiot perdu. Germaine, pour faire plaisir à sa chatte, adopte son «bébé» et puisque nous sommes le premier jour de la semaine, elle décide de l'appeler Lundi.

Note : Pour que tu comprennes bien la structure du texte, nous avons identifié le titre, la situation initiale, le déroulement et la situation finale. Lorsque tu rédiges ton texte, tu n'as pas à le faire.

EXERCICE 4

a) Je m'attends à ce que les voyages **soient** agréables.
   Verbe *être*, subjonctif présent, 3ᵉ personne du pluriel.

b) Je voudrais qu'il y **ait** beaucoup de sports.
   Verbe *avoir*, subjonctif présent, 3ᵉ personne du singulier.

c) J'aimerais que l'école **soit** propre.
   Verbe *être*, subjonctif présent, 3ᵉ personne du singulier.

d) Je souhaite que les cours **soient** instructifs.
   Verbe *être*, subjonctif présent, 3ᵉ personne du pluriel.

e) Je souhaite qu'il y **ait** des ateliers d'arts.
   Verbe *avoir*, subjonctif présent, 3ᵉ personne du singulier.

f) J'aimerais que les professeurs ne **soient** pas trop sévères.
   Verbe *être*, subjonctif présent, 3ᵉ personne du pluriel.

g) Je m'attends à ce qu'il y **ait** beaucoup d'élèves.
   Verbe *avoir*, subjonctif présent, 3ᵉ personne du singulier.

h) Je m'attends à ce que les professeurs m'**apprennent** plus de choses.
   Verbe *apprendre*, subjonctif présent, 3ᵉ personne du pluriel.

i) La cigale souhaite que la fourmi **ait** des réserves de nourriture.
   Verbe *avoir*, subjonctif présent, 3ᵉ personne du singulier.

j) Elle voudrait que sa voisine **soit** généreuse.
   Verbe *être*, subjonctif présent, 3ᵉ personne du singulier.

k) Il faut que vous me **prêtiez** de quoi manger.
   Verbe *prêter*, subjonctif présent, 2ᵉ personne du pluriel.

l) La fourmi voudrait que la cigale **aille** travailler.
   Verbe *aller*, subjonctif présent, 3ᵉ personne du singulier.

m) La cigale aimerait que la fourmi la **comprenne** mieux.
   Verbe *comprendre*, subjonctif présent, 3ᵉ personne du singulier.

n) Il faut que nous **dansions**, maintenant!
   Verbe *danser*, subjonctif présent, 1ʳᵉ personne du pluriel.

EXERCICE 5

a) J'appréci**erais** une première journée sans uniforme.
   erais est la terminaison des verbes du 1ᵉʳ groupe au conditionnel présent.

Corrigé

b) Il est certain que j'étudi**erai** beaucoup.

On emploie le futur parce qu'on exprime une certitude.
La terminaison des verbes du 1er groupe, au futur simple, à la 1re personne du singulier est **erai**.

c) S'il y a des activités, je se**rai** content.

On emploie le futur et non le conditionnel, car le **si** est suivi d'un verbe au présent. Mais on aurait écrit:
S'il y **avait** (imparfait) des activités, je **serais** (conditionnel) content.

d) J'aime**rais** que l'école soit belle.

On emploie le conditionnel parce qu'on exprime un souhait.

e) Je suis sûr que j'aime**rai** ça.

On emploie le futur parce qu'on exprime une certitude et non un souhait.
La terminaison des verbes du 1er groupe, au futur simple, à la 1re personne du singulier est **erai**.

f) Ce ser**ait** bien si les élèves de 2e secondaire pouvaient nous guider.

On emploie le conditionnel, car il y a une condition exprimée par **si**.
La terminaison de l'indicatif conditionnel présent à la 3e personne du singulier est **rait**.

g) J'espère que quelqu'un pour**ra** m'aider si je suis perdu.

Le verbe *espérer* à l'indicatif présent demande un verbe à l'indicatif futur simple.
Mais on aurait écrit: J'**espérais** (imparfait) que quelqu'un **pourrait** (conditionnel présent) m'aider.

h) Au début, je sais que ce se**ra** difficile.

On emploie le futur parce qu'on exprime une certitude.

i) J'espère qu'il y **aura** une équipe de football.

Le verbe *espérer* à l'indicatif présent demande un verbe à l'indicatif futur simple.
Mais on aurait écrit: J'**espérais** (imparfait) qu'il y **aurait** (conditionnel présent) une équipe de football.

j) J'espère bien que vous **travaillerez** l'été prochain.
Le verbe *espérer* demande un verbe à l'indicatif futur simple.

k) Je suis sûre que la cigale en **voudra** à sa voisine.
On emploie le futur parce qu'on exprime une certitude.

l) Elle **aimerait** que sa voisine soit plus généreuse.
On emploie le conditionnel parce qu'on exprime un souhait.

EXERCICE 6

a) Je ne suis pas très bonne en anglais et j'ai peur qu'**on** nous demande de faire une recherche compliquée.

On emploie le pronom indéfini **on** chaque fois qu'on ne peut nommer avec précision la ou les personnes que l'on veut désigner.

b) **On doit** porter un uniforme, sinon **on pourrait** avoir une retenue.

c) Mon grand frère m'a dit que les professeurs sont très sévères; si **on manque** une journée ou si **on parle** dans les rangs, **ils** (les professeurs) **donnent** des retenues.

d) J'ai peur qu'**on** me donne beaucoup de devoirs.

e) Je rencontrerai beaucoup de personnes. J'espère qu'**elles** seront...
Le pronom **elles** remplace le nom **personnes** qui est féminin pluriel.

f) Les devoirs et les leçons, c'est important. **Ils** me permettront...
Le pronom **Ils** remplace **devoirs** et **leçons**, soit un nom masculin et un nom féminin. Si un pronom remplace un mot masculin (devoirs) et un mot féminin (leçons), il se met au masculin.

g) Je sais que je connaîtrai de nouvelles disciplines. **Elles** me donneront l'occasion...
Le pronom **Elles** remplace le nom **disciplines** qui est féminin pluriel.

h) Si **on** m'accepte dans ce collège...

i) La cigale demande à la fourmi de **lui** prêter quelques grains pour passer l'hiver.
Le pronom **la** est toujours complément direct. Ici, il s'agit d'un complément indirect, il faut donc employer **lui**.

EXERCICE 7

a) J'aimerais qu'il y ait beaucoup d'activités sportives, du hockey ou du basket-ball par exemple.

b) Il faudra sûrement que je travaille plus, que je me couche tôt **et** que je travaille les fins de semaine.

c) J'ai un peu peur parce que l'école sera plus grande **et** qu'il y aura aussi beaucoup plus d'étudiants.

d) **Les** matières que je préfère sont la musique, le français **et** l'informatique.

e) La cigale pense à sa voisine la fourmi qu'elle a vue travailler tout l'été.

f) La cigale répond à la fourmi qu'elle a passé tout son temps à chanter.

g) La fourmi lui suggère d'aller danser et aussi d'aller chanter.

EXERCICE 8

a) Je **ne** m'inquiète pas vraiment pour mes amies.

b) Les uniformes **ne** me dérangent pas trop.

c) Je sais que je **ne** vais jamais le regretter.

d) J'aimerais que les professeurs **ne** donnent pas beaucoup de devoirs.

e) La cigale **ne** s'était pas préparée pour l'hiver.

f) La pauvre bête **n'**avait rien trouvé à manger.

g) La fourmi **n'**a jamais voulu lui prêter de nourriture.

h) Personne **ne** sait comment la cigale passa l'hiver.

EXERCICE 9

a) J'ai hâte **d'**aller…

b) Quand je serai **au** secondaire…

c) Le professeur de gymnastique organise différents jeux.
Jeux est complément direct du verbe **organise**. On n'a donc pas besoin de préposition.

d) Les amis **de** mon frère…

e) La cigale **n'**avait pas le temps **de** travailler.

f) La cigale chantait **dans** la rue.

EXERCICE 10

a) Je me demande **ce que** mes amis vont faire.

b) Dans le prochain paragraphe, je vous expliquerai **ce que** j'attends de cette école.

c) La cigale lui demanda **ce qu'**elle avait fait tout l'été.

d) La cigale ne savait pas **ce qu'**elle pourrait manger.

EXERCICE 11

a) J'aime beaucoup **l'**art et **la** mathématique.

b) J'ai entendu dire qu'on fait beaucoup d'activités, **de** sports et **de** voyages.

c) La cigale cherche de la nourriture sous les feuilles, **les** pierres et **les** troncs d'arbres.

d) Elle demande à boire et **à** manger.

EXERCICE 12

a) Je ne m'inquiète pas de perdre mes amies, car il **y** en a beaucoup qui iront à la même école que moi.

b) J'ai entendu dire qu'il **y** avait de l'éducation physique chaque jour.

c) L'hiver, il **y** a des insectes qui n'ont rien à manger.

d) La fourmi avait fait des réserves de nourriture, il **y** en avait plein sa maison.

EXERCICE 13

a) L'école **où** je vais aller…
On emploie le pronom relatif **où**, car il remplace un nom qui indique un lieu.

b) La discipline **à laquelle** je m'attends…

c) Les professeurs **avec lesquels** je m'entendrai bien…

d) L'histoire **dont** je parle…

e) La voisine **à** laquelle elle pense…

f) L'instrument **avec lequel** elle s'accompagne…

g) La fourmi, **à qui** la cigale demande de la nourriture…
Autre réponse possible: La fourmi, **à laquelle** la cigale…

h) Les arbres **dont** les feuilles tombent…
On n'emploie jamais **de** avec le pronom relatif **dont**.

i) Le vent **qui** souffle…

j) Les réserves **dont** elle a fait provision…

EXERCICE 14

a) Au secondaire**,** j'espère aller dans une école privée…
On met une virgule pour isoler un complément de phrase placé en début de phrase. Un complément de phrase est un groupe de mots non essentiel à la phrase, qu'on peut enlever ou déplacer.

b) On m'a dit que tous les jours**,** à la dernière période**,** nous avons une heure…
On met une virgule pour séparer les deux compléments de phrase, et une autre pour les isoler du reste de la phrase.

c) Tous les ans**,** l'école organise une sortie…
On met une virgule pour isoler un complément de phrase placé en début de phrase.

d) J'ai hâte d'aller au secondaire**,** car je vais quitter le service de garde…
On met une virgule devant la conjonction **car**.

e) Deuxièmement**,** mes sœurs ont fréquenté cette école…
On met une virgule après un marqueur de relation placé en début de phrase.

f) Cet hiver-là**,** le froid était…
On met une virgule pour isoler un complément de phrase placé en début de phrase.

g) Chaque été, la fourmi travaillait...
On met une virgule pour isoler un complément de phrase placé en début de phrase.

h) La cigale était désespérée, car personne...
On met une virgule devant la conjonction **car**.

i) En conclusion, la fourmi était plutôt travailleuse...
On met une virgule après un marqueur de relation placé en début de phrase.

j) La fourmi était travailleuse, mais pas très...
On met une virgule devant la conjonction **mais**.

k) Vous avez dansé, vous avez chanté, **mais** vous n'avez pas...
On met une virgule pour séparer les termes d'une énumération, et une autre devant la conjonction **mais**.

l) La cigale alla trouver sa voisine, car elle n'avait rien...
On met une virgule devant la conjonction **car**.

m) Quand arriva l'automne, la cigale était...
On met une virgule pour isoler un complément de phrase placé en début de phrase.

n) Elle luttait contre le vent, le froid, la pluie...
On met une virgule pour séparer les termes d'une énumération.

o) Sans la regarder, elle lui claque la porte...
On met une virgule pour isoler un complément de phrase placé en début de phrase.

p) Dans une forêt, marchait une cigale...
On met une virgule pour isoler un complément de phrase placé en début de phrase.

EXERCICE 15

Exemples de réponses:

a) Si j'ai de la **difficulté** dans **une matière**...

b) J'ai peur que ce soit **difficile**.

c) Je veux **fréquenter** une école privée.

d) ... quand les professeurs m'**enseignent**...

e) J'ai **visité** l'école...

f) J'aimerais qu'on m'offre **une foule** d'activités...

g) Je sais que je suis responsable **de mes apprentissages**.

h) J'espère que je rencontrerai des jeunes qui **partagent mes centres d'intérêt**.

i) Je ne veux pas **que la violence soit tolérée**.

j) Je vais **fournir des efforts constants**.

k) Je vais **acquérir** de nouvelles connaissances.

l) Je vais avoir besoin d'**une période** d'adaptation.

m) La **taille** de l'école m'impressionne.

n) Je vais **vaincre mes appréhensions**.

o) Entrer au secondaire, cela va **impliquer** des changements dans ma vie.

EXERCICE 16

a) **quand** même

b) une activité **passionnante**

c) les efforts **nécessaires**

d) des **professeurs** pas **trop sévères**

e) de la **difficulté**

f) il y a **sûrement**

g) les **adolescents**

h) **plusieurs** raisons

i) en **résumé**

j) les **examens**

EXERCICE 17

a) Je m'attends à ce **qu'on** se respecte…

b) **J**'aurai de la difficulté…

c) Je me demande **s'il** y a…

Corrigé

d) **Lorsqu'il** y aura…

e) **S'il** faut que je travaille davantage…

EXERCICE 18

a) m'at-tends

b) in-téressant, inté-ressant, intéres-sant

c) pre-mière

d) re-lation, rela-tion

e) ori-entation, orien-tation, orienta-tion

EXERCICE 19

a) Je connai**s**
Un verbe ne se termine jamais par **t** à la 1re personne du singulier (je).

b) Les élèves m'accueil**lent**…
Aucun verbe ne se termine par la lettre **l** quand il est conjugué. **Accueil** est un nom commun.

c) Les professeurs seron**t**…
Le groupe sujet (les professeurs) est à la 3e personne du pluriel. Un verbe se termine par **ons** seulement quand le sujet est à la 1re personne du pluriel (nous).

d) Il le fau**t**.
Faux avec un **x** est le contraire de **vrai**. Ici, il s'agit du verbe *falloir* à la 3e personne du singulier de l'indicatif présent.

e) Ce ser**ait** agréable.
Ce est un pronom démonstratif de la 3e personne du singulier. Aucun verbe ne se termine par **ai** à la 3e personne du singulier (il).

f) La direction nous oblig**e**…
Le groupe sujet du verbe (la direction) est à la 3e personne du singulier.

g) … que les professeurs étai**ent** sévères.
Le groupe sujet (les professeurs) est à la 3e personne du pluriel.

h) On par**t**…
On est un pronom personnel de la 3e personne du singulier. Le verbe *partir* à l'indicatif présent: je pars, tu pars, il (on) **part**…

i) J'en faisai**s**…

Le sujet (J') est à la 1ʳᵉ personne du singulier. Aucun verbe ne se termine par **ait** à la 1ʳᵉ personne du singulier (je).

j) Les élèves ser**ont** gentils.

Le verbe *être* conjugué à l'indicatif futur simple et à l'indicatif conditionnel présent ne prend qu'un seul **r**: ils se**r**ont, ils se**r**aient.
Le groupe sujet (Les élèves) est à la 3ᵉ personne du pluriel. Un verbe se termine par **ons** seulement quand le sujet est à la 1ʳᵉ personne du pluriel (nous).

k) On se respect**e** les uns les autres.

Respect est un nom commun. Il s'agit ici du verbe *respecter* à la 3ᵉ personne de l'indicatif présent.

l) Je conn**ais**…

Les verbe en **aître** comme *connaître* prennent un accent circonflexe sur la lettre **i** devant un **t** seulement.

m) Je m'attend**s**…

Le sujet (Je) est à la 1ʳᵉ personne du singulier. Aucun verbe ne se termine par **d** à la 1ʳᵉ personne du singulier de l'indicatif présent.

n) Les professeurs nous aider**ont**.

Le groupe sujet (Les professeurs) est à la 3ᵉ personne du pluriel. Un verbe se termine par **ons** seulement quand le sujet est à la 1ʳᵉ personne du pluriel (nous). Ici, **nous** est complément direct et il ne joue aucun rôle dans l'accord du verbe.

o) L'école s'app**elle**…

Appel est un nom commun. Aucun verbe conjugué ne peut se terminer par la lettre **l**.
Il s'agit ici du verbe *s'appeler* à la 3ᵉ personne du singulier de l'indicatif présent.

p) Je les considèr**e**…

Le sujet du verbe (Je) est à la 1ʳᵉ personne du singulier, **les** est ici un pronom personnel complément et il ne joue aucun rôle dans l'accord du verbe.

q) Je vous prêter**ai**…

Le sujet du verbe (Je) est à la 1ʳᵉ personne du singulier, **vous** est ici un pronom personnel complément et il ne joue aucun rôle dans l'accord du verbe.

r) Les cigales nous chanter**ont**…

Le groupe sujet du verbe (Les cigales) est à la 3ᵉ personne du pluriel, **nous** est ici un pronom personnel complément et il ne joue aucun rôle dans l'accord du verbe.

s) Vous lui apporter**ez**…

Le sujet du verbe (Vous) est à la 2ᵉ personne du pluriel. Aucun verbe ne se termine par **ai** à la 2ᵉ personne du pluriel.

EXERCICE 20

a) J'aimerais réalis**er** une foule de projets.

b) J'ai peur d'être désorient**é**. *ou* J'ai peur d'être désorient**ée**.

Ce participe passé est employé avec l'auxiliaire *être* et il s'accorde avec le sujet. Si **je** représente une fille, il est donc féminin.

c) Les matières qu'on va m'enseign**er**…

d) Je vais m'intéress**er**…

e) Les activités qui seront organis**ées**…

Ce participe passé est employé avec l'auxiliaire *être* et il s'accorde avec le sujet **activités**, féminin pluriel.

f) …quand je vais circul**er** dans l'école.

g) Je vais bien m'adapt**er**.

h) Je veux être écout**é**. *ou* Je veux être écout**ée**.

Ce participe passé est employé avec l'auxiliaire *être* et il s'accorde avec le sujet. Si **je** représente une fille, il est féminin.

i) Je vais bien m'intégr**er**.

j) Je veux apprendre à travaill**er**.

k) J'ai hâte de rencontr**er** les autres élèves.

l) … une petite salle pour se repos**er**.

m) J'espère être accept**é**… *ou* J'espère être accept**ée**…

Ce participe passé est employé avec l'auxiliaire *être* et il s'accorde avec le sujet. Si **je** représente une fille, il est féminin.

n) Ma sœur a fréquent**é** ce collège.

Quand il est employé avec l'auxiliaire *avoir*, le participe passé ne s'accorde pas avec le sujet.

o) Il est important que je sois motiv**é**… *ou* Il est important que je sois motiv**ée** …

Ce participe passé est employé avec l'auxiliaire *être* et il s'accorde avec le sujet. Si **je** représente une fille, il est féminin.

p) Je vais m'efforc**er** …

EXERCICE 21

a) ma futur**e** école

Le noyau du groupe du nom (*école*) est féminin.

b) des activités passionnant**es**

Le noyau du groupe du nom (activités) est féminin pluriel.

c) de bon**s** et de mauvais côtés

Le noyau du groupe du nom (côtés) est masculin pluriel.

d) les arts plastique**s**

Le noyau du groupe du nom (arts) est masculin pluriel.

e) un bon enseignant

Le noyau du groupe du nom (enseignant) est masculin singulier.

f) beaucoup de retenue**s**

Beaucoup de indique que le nom (retenues) est au pluriel.

g) trop de devoir**s**

Trop de indique que le nom (devoirs) est au pluriel.

h) répondre à mes question**s**

Le déterminant **mes** indique que le nom (questions) est au pluriel.

i) tou**s** mes amis

Le noyau du groupe du nom (amis) est masculin pluriel. Le masculin de **toutes** est **tous**.

j) la main levé**e**

Le noyau du groupe du nom (main) est féminin singulier.

k) une école publi**que** ou privé**e**

Le noyau du groupe du nom (école) est féminin singulier. Le féminin de **public** est **publique**.

EXERCICE 22

a) J'aimerais que les activités soient amusant**es**.

L'attribut **amusantes** s'accorde avec le sujet **activités**, féminin pluriel.

b) Mes sœurs sont all**ées** dans cette école.

Le participe passé **allées** est employé avec l'auxiliaire *être*, il s'accorde avec le sujet **sœurs**, féminin pluriel.

c) J'aimerais que les élèves soient gentil**s**, aimable**s** et serviable**s**.

Les attributs **gentils**, **aimables** et **serviables** s'accordent avec le sujet **élèves**, masculin pluriel.

d) On m'a dit que les enseignants étaient très sévère**s**.

L'attribut **sévères** s'accorde avec le sujet **enseignants**, masculin pluriel.

e) Les enseignants seront compréhensif**s**.

L'attribut **compréhensifs** s'accorde avec le sujet **enseignants**, masculin pluriel.

Corrigé

f) Cette école semble bien organisé**e**.

Le participe passé **organisée** est employé avec le verbe attributif *sembler*, il s'accorde avec le sujet **école**, féminin singulier.

g) Les locaux sont grand**s** et bien éclairé**s**.

Les attributs **grands** et **éclairés** s'accordent avec le sujet **locaux**, masculin pluriel.

h) Ma vie sera changé**e**.

Le participe passé **changée** est employé avec l'auxiliaire *être*, il s'accorde avec le sujet **vie**, féminin singulier.

i) Les gestes violents ne seront pas toléré**s**.

Le participe passé **tolérés** est employé avec l'auxiliaire *être*, il s'accorde avec le sujet **gestes**, masculin pluriel.

j) Toutes les matières qui me seront enseigné**es**…

Le participe passé **enseignées** est employé avec l'auxiliaire *être*, il s'accorde avec le sujet **qui**, dont l'antécédent est **matières**, féminin pluriel.

EXERCICE 23

a) **C'est** grand et bien décoré.

On peut dire: **Cela est** grand et bien décoré.

b) Je m'attends à ce qu'**on** porte un uniforme.

On peut dire: Je m'attends à ce qu'**il** porte un uniforme.

c) L'école **où** je vais aller…

Ici, **où** indique un lieu et non un choix.

d) Je m'attends **à** avoir des cours…

On ne peut pas dire: Je m'attends **avait** avoir des cours…

e) …m'indiquer **où** sont les classes.

Ici, **où** indique un lieu et non un choix.

f) J'aimerais que **ce** soit une bonne école.

On peut dire: J'aimerais que **cela** soit une bonne école.

g) … qu'on réponde à **mes** questions.

On peut dire: … qu'on réponde à **tes** questions.

h) **C'est** dans cinq mois.

On peut dire: **Cela est** dans cinq mois.

i) J'espère retrouver **ce** que je vous ai décrit.

Devant **que**, il faut écrire **ce**.

j) Je voudrais être **sûr** d'avoir l'une de ces activités.
    On peut dire: Je voudrais être **certain** d'avoir l'une de ces activités.

k) **Si** les élèves de 1re secondaire…
    Ici, **si** indique une condition.

l) J'attends de mon école **qu'elle** me présente…
    On peut dire: J'attends **qu'il** me présente…

m) Je pense que **c'est** une bonne école.
    On peut dire: Je pense que **cela est** une bonne école.

EXERCICE 24

a) La cigale **s'est** adressée à sa voisine…
    S'est est suivi d'un participe passé (adressée).

b) **C'est** une bête très prévoyante.
    On peut dire: **Cela est** une bête très prévoyante.

c) La cigale frappe **à** la porte de sa voisine.
    On ne peut pas dire: La cigale frappe **avait** la porte de sa voisine.

d) Elle ne sait pas **où** trouver de la nourriture.
    Ici, **où** indique un lieu et non un choix.

e) Il ne lui reste plus qu'**à** mourir de faim.
    On ne peut pas dire: Il ne lui reste plus qu'**avait** mourir de faim.

f) La cigale est **sûre** que la fourmi la dépannera.
    On peut dire: La cigale est **certaine** que la fourmi la dépannera.

g) La cigale **se** dit qu'elle aurait dû travailler.
    On peut dire: La cigale me dit qu'elle aurait dû travailler.

h) Elle croit **qu'elle** peut compter sur sa voisine.
    On peut dire: Elle croit **qu'il** peut compter sur sa voisine.

i) La fourmi lui demande **quelle** était son occupation.
    On ne peut pas dire: La fourmi lui demande **qu'il** était son occupation.

j) Elle veut savoir **ce** que la cigale a fait tout l'été.
    Devant **que**, il faut écrire **ce**.

k) La cigale ne **s'y** attendait vraiment pas.
    Devant un verbe, il faut écrire **s'y**.

EXERCICE 25

Vérifier avec un adulte.

EXERCICE 26

Vérifier avec un adulte.

Corrigé

Mathématique

Numération

1 **d)** 654 312

En plaçant les plus grands chiffres aux positions ayant les plus grandes valeurs, on obtient 654 321, ce qui est un nombre impair. Il faut alors déplacer le 1 et le 2 afin d'obtenir un nombre pair.

2 **b)** 4 centaines et 1 dizaine

Pour résoudre facilement cette équation, il faut comparer les deux membres de l'égalité. À gauche, il y a 252 centaines; à droite, dans le nombre 25 615, il y en a 256 (prendre toutes les positions qui contiennent des centaines: 25 615): il manque donc 4 centaines. Le chiffre à la position des unités est le même de part et d'autre. Par contre, il faut ajouter 1 dizaine à gauche, puisqu'il y en a une à droite.
Il manque donc 4 centaines et 1 dizaine pour que l'égalité soit vraie.

3 **A:** 875; **B:** 1025; **C:** 1150

Il faut d'abord considérer l'intervalle qui sépare 900 et 1100. Cet intervalle représente une quantité de 200 et est séparé en 8 parts égales: chaque partie représente donc une quantité égale à 25.
A: (900 − 25); B: (900 + 5 x 25); C: (1100 + 2 x 25).

4 **c)** $6 \times 10^5 + 6 \times 10^3 + 6 \times 10^1$

Notre système de numération utilise les groupements de 10, donc la base 10. À la position des unités, aucun groupement n'a encore été effectué, c'est pourquoi cette position est représentée par 10^0. À la position des dizaines, on groupe une fois pour former des paquets de 10, d'où 10^1. Aux centaines, on groupe deux fois, d'où 10^2. Il en va de même pour les autres positions.

5 **c)** 689 999

Pour trouver le nombre qui précède immédiatement un autre nombre, il faut enlever une unité à ce dernier. Comme le nombre 690 000 comporte un zéro à la position des unités, il faut échanger une dizaine de mille pour 10 unités de mille, puis une unité de mille pour 10 centaines, puis une centaine pour 10 dizaines et enfin une dizaine pour 10 unités:

  8   9   9   9
  6 9 10 10 10 10

6 **a)** à la dizaine de mille près

Lorsqu'on arrondit un nombre à une certaine position, le chiffre qui occupe cette position peut être conservé ou augmenté de 1 et toutes les positions inférieures, à la droite, sont occupées par des zéros. Dans ce cas-ci, puisque le premier zéro est à la position des unités de mille, on comprend que le nombre a été arrondi à la dizaine de mille près.

7 **c)** deux mille trois cent quatre-vingt-quatre

Voici les règles d'écriture des nombres. 1) On met des traits d'union entre les mots exprimant une quantité inférieure à cent, excepté lorsque le nombre contient le mot **et** (exemple: trente et un). 2) Le mot **mille** ne prend jamais de **s** dans les nombres. 3) **Vingt** et **cent** prennent un **s** s'ils sont multipliés et qu'ils ne sont pas suivis d'un autre nombre (exemples: deux cents, quatre-vingts).

Corrigé

8 **b)** 31, 63

Ici, la règle est: + **2,** + **4,** + **8,** ..., ce qui nous conduit à 31 (15 + **16**) et 63 (31 + **32**).

9 **c)** $5 \times 5 \times 5$

10 **a)** 8

11 1, 9, 49, 64 100

Un nombre carré est le produit d'un nombre multiplié par lui-même: 1 x 1 = 1;
3 x 3 = 9; 7 x 7 = 49; 8 x 8 = 64; 10 x 10 = 100.

12 Vrai.

$64 = 8 \times 8 = 8^2$; $64 = 4 \times 4 \times 4 = 4^3$

13 43 000

Pour obtenir une estimation, il faut arrondir chacun des termes au millier près:
39 000 + 1 000 + 3 000 + 0 = 43 000

14 44 000

Pour obtenir une estimation, il faut arrondir chaque terme au millier près:
52 000 – 8 000 = 44 000

15 9 000

Pour obtenir une estimation, il faut arrondir chaque facteur à sa plus grande position (300 et 30). On multiplie ensuite les nombres entiers, puis on ajoute le nombre de zéros contenus dans les facteurs: 3$\underline{00}$ × 3$\underline{0}$ = 9 $\underline{000}$

16 5 000

Pour obtenir une estimation, il faut arrondir le dividende et le diviseur (50 000 et 10). Pour diviser par 10, il suffit d'enlever un 0 au dividende.

17 **a)** 335 110; **b)** 22 923

18 **a)** 38 302; **b)** 21 827

19 **a)** 5 934; **b)** 13 026

20 **a)** 615; **b)** 1 306; **c)** 207; **d)** 3 045

21 **d)** 3 et 4

On multiplie les facteurs donnés, le 2 et le 3, et on transforme l'équation en 6 × ? = 72. Pour trouver la solution, on effectue l'opération inverse de la multiplication, soit une division: 72 ÷ 6 = 12. Or, 3 et 4 sont les seuls nombres proposés dont le produit est 12.

22 **b)** 100

On a obtenu le résultat de l'équation (75) après avoir opéré deux soustractions. On retrouve le 1er terme en effectuant deux opérations inverses de la soustraction, soit deux additions: 75 + 5 + 20 = 100.

23 **a)** 770 000

On multiplie un nombre par 10, 100 ou 1 000 en lui ajoutant, selon le cas, un, deux ou trois zéros. Inversement, on divise un nombre par 10, 100 ou 1 000 en lui enlevant, selon le cas, un, deux ou trois zéros. En multipliant 77 000 par 100 et par 10, on lui ajoute trois zéros et, en le divisant deux fois par 10, on lui en enlève deux, ce qui revient à lui ajouter un zéro, d'où la solution 770 000.

24 **a)** 40

Dans une chaîne d'opérations, il faut d'abord résoudre les multiplications et les divisions dans l'ordre où elles apparaissent ($5 \times 6 = 30$ et $2 \times 5 = 10$), ce qui transforme la chaîne donnée en l'équation suivante: $60 - 30 + 10 = 40$.

25 **b)** 0

Dans une chaîne d'opérations, il faut d'abord résoudre les multiplications et les divisions dans l'ordre où elles apparaissent ($12 \div 4 = 3$ et $1 \times 6 = 6$), ce qui transforme la chaîne donnée en l'équation suivante: $3 + 3 - 6 = 0$.

26 **d)** une multiplication et une division

Il faut d'abord multiplier 24 et 36 pour savoir combien de pamplemousses le marchand a achetés, puis diviser par 6 pour trouver combien de sacs il pourra remplir.

27 **b)** une soustraction, une division et une multiplication

Une soustraction ($750\,\$ - 400\,\$ = 350\,\$$) est nécessaire pour connaître le montant consacré à l'achat de disques, une division ($350 \div 25 = 14$), pour savoir combien d'ensembles de disques seront achetés, et une multiplication ($14 \times 2 = 28$), pour savoir combien de disques contiennent ces ensembles.

28 **b)** {9, 18, 36}

Les diviseurs de 72 sont: (1, 72), (2, 36), (3, 24), (4, 18), (6, 12), (8, 9). Les multiples de 9 sont: 0, 9, 18, 27, 36, 45, 54, … Les nombres 1 et 24 ne sont pas des multiples de 9, ce qui élimine les solutions **a)**, **c)** et **d)**.

29 **c)** 27 600

Un nombre est divisible par 10 s'il a un 0 à la position des unités, ce qui élimine les réponses **a)** et b). Un nombre se divise par 5 s'il a un 5 ou un 0 à la position des unités, et il se divise par 2 s'il a un nombre pair (2, 4, 6, 8) ou un 0 à la position des unités. Pour choisir entre les réponses **c)** et **d)**, il faut donc établir lequel est divisible par 3. On le vérifie en regardant si la somme des chiffres qui composent chaque nombre est divisible par 3. La somme des chiffres de 39 100 est $3 + 9 + 1 = 13$ (non divisible par 3). La somme des chiffres de 27 600 est $2 + 7 + 6 = 15$ (divisible par 3).

30 **c)** 12

Les diviseurs de 36 sont: (1, 36), (2, 18), (3, <u>12</u>), (4, 9), (6)
Les diviseurs de 84 sont: (1, 84), (2, 42), (3, 28), (4, 21), (6, 14), (7, <u>12</u>)
Les diviseurs de 96 sont: (1, 96), (2, 48), (3, 32), (4, 24) (6, 16), (8, <u>12</u>)
Le plus grand diviseur qui est commun à ces trois nombres est donc 12.

Corrigé

31 ▸ **d)** 60

Les multiples d'un nombre sont les produits de ce nombre multiplié par tous les autres nombres naturels en commençant par 0. Les multiples de 12 sont donc: 0, 12, 24, 36, 48, <u>60</u>, … Les multiples de 10 sont: 0, 10, 20, 30, 40, 50, <u>60</u>, … Les multiples de 15 sont: 0, 15, 30, 45, <u>60</u>, … Le plus petit multiple qui est commun aux trois nombres donnés est donc 60.

32 ▸ **d)** 29

Un nombre est impair si le chiffre de ses unités est impair (1, 3, 5, 7, 9); donc, parmi les nombres donnés, seul 42 n'est pas impair. Un nombre premier n'est divisible que par 1 et par lui-même. Il est inutile de vérifier si les nombres donnés sont divisibles par 2, 4, 6 ou 8 puisqu'ils sont impairs. Il est par contre utile d'éliminer les nombres divisibles par 3 (en vérifiant si la somme des chiffres est divisible par 3). Il ne reste que le nombre 29 qui est à la fois impair et premier.

33 ▸ **c)** $2 \times 2 \times 2 \times 3 \times 3$

Les réponses **a)** et **b)** doivent être éliminées, car elles contiennent des facteurs qui ne sont pas premiers (4 et 9). Seul le produit des nombres premiers proposé en **c)** est égal à 72.

34 ▸ **b)** Il y a eu une hausse de 10 degrés.

Dans ce cas-ci, il y a une hausse de la température, car le thermomètre passe d'une quantité négative à une quantité positive. Pour passer de −7 °C à +3 °C, le mercure monte d'abord de 7 °C pour se rendre à 0 °C, puis de 3 °C pour se rendre de 0 °C à 3 °C, soit une hausse totale de 10 degrés.

35 ▸ **c)** −25

La profondeur se traduit par un entier négatif: −35. Après avoir remonté de 10 mètres, il ne se trouve plus qu'à 25 mètres de profondeur, soit −25.

36 ▸ **b)** Le point D représente $\frac{5}{12}$

Le dénominateur d'une fraction indique en combien de parts égales un entier a été divisé. L'espace qui représente un entier (entre 0 et 1) est divisé en 6 parties égales, il s'agit donc de sixièmes et non de douzièmes. L'unité peut aussi être divisée en 3 parties égales, ce qui explique que le point A soit situé à $\frac{1}{3}$. Elle peut être divisée en deux parties égales, ce qui explique que le point B soit situé à $1\frac{1}{2}$. Quant au point C, il est situé après $\frac{12}{6}$, il représente donc deux entiers.

37 ▸ **a)** $\frac{2}{3}$

En observant bien cette figure, on s'aperçoit qu'elle est divisée en 3 parties égales, donc en tiers. Deux de ces parties sont à nouveau divisées en deux parts égales, ce qui donne des sixièmes. Peu importe que cette nouvelle division soit effectuée de façon différente dans l'un et l'autre cas, il s'agit toujours de parties égales. La partie ombrée de droite pourrait donc couvrir l'espace blanc du milieu; donc, $\frac{2}{3}$ de la figure sont ombrés.

38 ▸ **b)** $\frac{1}{2}$

Afin d'identifier la fraction cherchée, il faut d'abord séparer la figure en parties égales. On obtient alors 16 parties égales. Huit de ces parties sont ombrées, soit $\frac{8}{16}$ ou $\frac{1}{2}$ de la figure.

39 ▸ **b)** $\frac{5}{18}$

La figure peut être séparée en 18 triangles congrus, dont 5 sont ombrés.

40 **c)** $\{\frac{9}{11}, \frac{3}{7}, \frac{8}{15}\}$

Des fractions irréductibles sont des fractions dont les numérateurs et les dénominateurs ne peuvent être divisés par un même nombre. On peut réduire les fractions $\frac{9}{15}$, $\frac{6}{20}$, $\frac{7}{21}$ et $\frac{15}{21}$ en divisant les numérateurs et les dénominateurs par 2, par 3 ou par 7, selon le cas.

41 **b)** $\{\frac{3}{4}, \frac{1}{2}, \frac{3}{8}\}$

Les ensembles **a)** et **d)** contiennent des fractions qui peuvent encore être réduites: $\frac{3}{6}$ et $\frac{9}{24}$. L'ensemble **c)** comporte deux erreurs: $\frac{9}{18}$ n'est pas égal à $\frac{2}{3}$ et $\frac{9}{24}$ n'est pas égal à $\frac{3}{7}$.

42 **b)** $\{1\frac{2}{3}, \frac{5}{3}\}$

Cette question comporte des expressions fractionnaires ($\frac{5}{4}$) et des nombres fractionnaires ($1\frac{1}{5}$). Pour trouver des équivalences, il faut être capable de passer d'une forme à l'autre. Exemples: Avec $\frac{5}{4}$, je peux former 1 entier ($\frac{4}{4}$) et il reste $\frac{1}{4}$. D'autre part, avec $\frac{8}{3}$, on peut former 2 entiers ($8 \div 3$) et il reste 2 tiers ($2\frac{2}{3}$).

43 $\frac{1}{8}$

Cette fraction est supérieure à 0 alors que $-\frac{1}{2}$ est inférieure à 0.

44 $\frac{7}{8}$

Des trois fractions, c'est la seule dont le numérateur est inférieur au dénominateur, c'est donc la seule inférieure à 1.

45 **b)** $\{\frac{6}{11}, \frac{4}{7}\}$

Il est facile de comparer à $\frac{1}{2}$ une fraction dont le dénominateur est un multiple de 2: $\frac{4}{10} < \frac{1}{2}$ parce que c'est plus petit que $\frac{5}{10}$ ($\frac{1}{2}$). Dans les autres cas, il faut estimer où se situe la moitié. Par exemple, $\frac{6}{11} > \frac{1}{2}$ puisque la moitié de 11 se situe entre 5 et 6.

46 $\frac{3}{7}, \frac{3}{8}, \frac{3}{12}$

Les numérateurs étant identiques, il suffit de comparer les dénominateurs: plus le chiffre au dénominateur est grand, plus la fraction est petite.

47 $\frac{4}{5}$

Dans chaque fraction, il manque une partie pour égaler l'entier: $\frac{3}{4} + \frac{1}{4} = \frac{4}{4}$ et $\frac{4}{5} + \frac{1}{5} = \frac{5}{5}$. Le quart manquant étant plus grand que le cinquième manquant, il s'ensuit que $\frac{4}{5}$ est la plus grande fraction.

48 **c)** $\frac{4}{6}$

Pour additionner des fractions, il faut les mettre au même dénominateur:
$\frac{1}{2} + \frac{1}{6} = \frac{3}{6} + \frac{1}{6} = \frac{4}{6}$.

Corrigé

49 a) $\frac{3}{8}$

Pour soustraire des fractions, il faut les mettre au même dénominateur:
$\frac{1}{2} - \frac{1}{8} = \frac{4}{8} - \frac{1}{8} = \frac{3}{8}$

50 c) $\frac{5}{4}$

Les enfants boivent cinq fois $\frac{1}{4}$ ou $5 \times \frac{1}{4} = \frac{5}{4}$.

51 a) $\frac{11}{12}$, b) $\frac{17}{20}$, c) $\frac{3}{8}$, d) 12

a) et b) Pour additionner (ou soustraire) des fractions, il faut d'abord les mettre sous le même dénominateur: $\frac{2}{3} + \frac{1}{4} = \frac{8}{12} + \frac{3}{12} = \frac{11}{12}$

$\frac{5}{4} - \frac{2}{5} = \frac{25}{20} - \frac{8}{20} = \frac{17}{20}$

c) et d) Pour multiplier deux fractions ou une fraction par un entier, on multiplie les numérateurs, on multiplie les dénominateurs, puis on simplifie la réponse.

52 c) 0,06

La position des centièmes est la deuxième position à droite de la virgule.

53 c) 5,55

Pour comparer des nombres à virgule, il est préférable qu'ils aient le même nombre de chiffres après la virgule. Dans ce cas-ci, on ajoute un ou deux zéros de façon à ce que chaque nombre comporte des millièmes. Le nombre d'unités étant égal, le plus grand nombre est celui qui comporte 550 millièmes.

54 d) 21

Les deux entiers contiennent chacun 10 dixièmes et il y a un autre dixième après la virgule. C'est pourquoi 2,15 contient en tout 21 dixièmes.

55 a) 3,0

Le nombre 2,5 contient déjà 5 dixièmes. Si on lui ajoute 5 autres dixièmes, on obtient 10 dixièmes avec lesquels on forme un nouvel entier.

56 b) 0,15

Un entier contient 100 centièmes. Il manque donc 15 centièmes à 85 centièmes pour former une unité.

57 c) 0,75

Pour transformer la fraction $\frac{3}{4}$ en nombre à virgule, il faut d'abord la transformer en centièmes: $\frac{3}{4} = \frac{75}{100} = 0,75$. C'est une fraction inférieure à l'unité, on ne peut donc pas retrouver des entiers à gauche de la virgule.

58 c) 2,53

Avec 25 dixièmes, on peut former 2 entiers et il reste 5 dixièmes (2,5). Si l'on ajoute les 3 centièmes, on obtient 2,53.

59 a) 500; b) 125

60 a) 16,55

Lorsqu'on additionne des nombres à virgule, il faut aligner les virgules l'une sous l'autre pour s'assurer qu'on additionne des chiffres occupant une même position.

61 c) 2,15

Lorsqu'on soustrait des nombres à virgule, il faut aligner les virgules l'une sous l'autre pour s'assurer que l'on soustrait des chiffres occupant une même position. S'il y a moins de décimales au 1er terme, il est préférable d'ajouter un ou des zéros: 5,50 − 3,35.

62 d) 23,5

Lorsqu'on divise un nombre à virgule par 10, 100 ou 1000, on déplace respectivement la virgule de une, deux ou trois positions vers la gauche. Lorsqu'on multiplie un nombre à virgule par 10, 100 ou 1000, on déplace respectivement la virgule de une, deux ou trois positions vers la droite.

63 b) 13,5

Lorsqu'on multiplie des nombres à virgule, on multiplie d'abord les nombres sans tenir compte des virgules. On compte ensuite le nombre de chiffres placés après la virgule dans les deux termes de l'opération. Exemple: 4,5 × 3 ➞ un chiffre après la virgule, il y a donc aussi un chiffre après la virgule dans le produit (13,5).

64 c) 4,03

Pour diviser un nombre à virgule par un entier, on divise d'abord la partie entière, ici les 20 unités, on pose ensuite la virgule à la réponse puisqu'on divisera ensuite des dixièmes et des centièmes.

65 d) 70 %

Le pourcentage est l'équivalent de la fraction «centième». On transforme d'abord 0,7 en 0,70 afin d'obtenir des centièmes.

66 d) 12,5%

Un pourcentage correspond à une fraction exprimée en centièmes. Dans le nombre décimal 0,125, il y a 12 centièmes, ce qu'on obtient en prenant le chiffre à la position des centièmes et tous ceux qui le précèdent, soit 0,<u>12</u>. La réponse ne peut donc être que 12,5%.

67 a) $\{\frac{1}{4}, 25\%\}$

Pour faciliter le travail de comparaison, il faut d'abord transformer les fractions en centièmes, puis les convertir en pourcentage: $\frac{1}{4} = \frac{25}{100} = 25\%$.

68

Fraction Irréductible	Nombre décimal	Pourcentage
1/25	0,04	**4%**
13/20	**0,65**	65%
5/5	**1,00**	**100%**
9/20	0,45	**45%**
5/4	**1,25**	125%

69 $\frac{1}{6}$

Démarche:

Fraction des élèves qui n'ont pas choisi la raquette: $\frac{1}{2} + \frac{1}{3} = \frac{5}{6}$

Fraction des élèves qui ont choisi la raquette: $\frac{6}{6} - \frac{5}{6} = \frac{1}{6}$

Réponse: $\frac{1}{6}$

70 24 pièces

Démarche:

Si $\frac{1}{8}$ est égal à 3, $\frac{8}{8}$ est égal à 8×3, soit 24.

Réponse: 24 pièces

Géométrie

71 **b)** (2, 4)

Dans un plan, on peut situer un point à l'aide d'un couple de nombres séparés par une virgule. Le premier indique la position du point par rapport à l'axe horizontal, le deuxième, par rapport à l'axe vertical.

72 (3, 3)

73 **a)** cône

Pour porter le nom de polyèdre, un solide géométrique ne doit posséder que des faces planes.

74 **c)** B et C

Pour être un prisme, un solide doit posséder deux faces planes, parallèles et congrues, c'est-à-dire de même forme, de même grandeur et posées l'une face à l'autre. Ces deux faces doivent être reliées entre elles par des rectangles.

75 **a)** un prisme
b) un cube
c) une pyramide à base triangulaire

76 **b)** prisme à base triangulaire

Les faces sont les différents polygones qui ont été assemblés pour constituer le solide. Les arêtes sont les points de rencontre de deux faces. Les sommets sont les points de rencontre des arêtes.

77 **c)** La mesure d'un angle obtus est inférieure à celle d'un angle droit.

La mesure d'un angle obtus se situe entre 90° et 180°.

78 Le carré

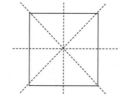

79   **b)**   trapèze

Le trapèze est le seul quadrilatère constitué d'une seule paire de côtés parallèles.

80   **b)**   rectangle

Posséder des côtés perpendiculaires signifie par le fait même posséder des angles droits.

81   **b)**   pentagone

Les quadrilatères sont des polygones possédant 4 côtés. Le pentagone en possède 5.

82   **c)**   triangle isocèle

Le triangle équilatéral possède trois côtés de même longueur; le triangle scalène possède trois côtés de longueurs différentes.

83   **d)**   triangle équilatéral

Si un triangle possède trois angles congrus, c'est-à-dire de même mesure, il possède aussi trois côtés congrus; il est donc équilatéral.

84   **c)**   un angle droit, deux côtés congrus

Il doit posséder un angle droit pour porter le nom de triangle rectangle et deux côtés congrus pour être isocèle.

85   **d)**   Un triangle peut avoir deux angles droits.

La somme des trois angles intérieurs d'un triangle est égale à 180°; il ne peut donc pas posséder deux angles droits qui, à eux seuls, totalisent 180°.

86   150°

Sur le cadran d'une horloge, les 360° d'un cercle sont divisés en 12 parties égales de 30 degrés chacune. De 11 h 25 à 11 h 50, on compte 5 parties, soit $5 \times 30 = 150°$.

87   **a)** $\overline{OA}$

Le rayon est un segment qui joint le centre du cercle à un point de sa circonférence (son pourtour).

88   **b)**   circonférence

89   **b)**   Le diamètre est deux fois plus petit que le rayon.

Le diamètre est deux fois plus grand que le rayon parce qu'il traverse le cercle d'un côté à l'autre en passant par le centre.

90   **c)**

Une translation déplace une figure en conservant sa grandeur, son orientation et sa direction.

91   **c)**

La réflexion transporte la figure de l'autre côté d'un axe en la retournant, ce qui en change l'orientation.

Corrigé

Mesure

92 **b)** 460

Il y a 100 cm dans un mètre; il faut donc multiplier 4,6 par 100 en déplaçant la virgule de deux positions vers la droite.

93 **c)** 2 km

Un kilomètre est égal à 1 000 m; or, 4×500 m $= 2\,000$ m, donc 2 km.

94 **a)** 15 dm

Il y a 10 dm dans un mètre. Il faut donc multiplier 1,5 par 10 en déplaçant la virgule d'une position vers la droite.

95 **a)** 20 cm

Le périmètre est la somme des côtés. Les 4 côtés d'un carré étant congrus, on multiplie par 4 la mesure d'un côté.

96 **c)** 25 cm

Puisque le périmètre d'un carré est la somme de 4 côtés congrus, il suffit de diviser ce périmètre par 4 pour retrouver la mesure d'un côté.

97 **a)** 36 cm^2

On trouve l'aire d'un carré à l'aide la formule suivante: côté $\times$ côté. La réponse s'exprime en cm^2.

98 **b)** 10 cm

Pour trouver la mesure d'un côté de ce carré, il faut se demander quel nombre a été multiplié par lui-même pour donner 100 ($10 \times 10 = 100$).

99 **c)** 18 m

La formule pour trouver le périmètre d'un rectangle est: longueur + longueur + largeur + largeur ou $2 \times$ (longueur + largeur).

100 **a)** 4 m

Il faut d'abord diviser le périmètre en deux; on trouve ainsi qu'une longueur et une largeur mesurent 14 m. Puisque la longueur est de 10 m, la largeur est de 4 m ($14 - 10$).

101 **b)** 24 m^2

La formule pour trouver l'aire d'un rectangle est: longueur $\times$ largeur.

102 **c)** 7 m

On trouve la largeur en divisant l'aire par la longueur.

103 **d)** 125 cm^3

On trouve le volume d'un cube à l'aide de la formule suivante: côté $\times$ côté $\times$ côté. La réponse s'exprime en cm^3.

104 **a)** 2 dm

La formule pour trouver le volume d'un prisme est: longueur × largeur × hauteur.
Donc, 100 = 5 × 10 × hauteur = 50 × hauteur. On trouve la hauteur en divisant 100 par 50.

105 **a)** 0,4 L

Un litre contient 1 000 mL. Il faut donc diviser 400 par 1 000 en déplaçant la virgule de trois positions vers la gauche.

106 **a)** 150 cL

Un litre contient 100 cL. Il faut donc multiplier 1,5 par 100 en déplaçant la virgule de deux positions vers la droite.

107 **a)** 20

Deux kilogrammes contiennent 2 000 g; 2 000 ÷ 100 = 20.

108 **a)** 105 minutes

Une heure se compose de 60 minutes. Chaque quart d'une heure représente 15 minutes, soit 60 ÷ 4 et trois quarts d'heure représentent 45 minutes (3 × 15). Il y a donc 60 + 45, soit 105 minutes dans une heure et trois quarts.

109 **d)** 3 600

Une heure contient 60 minutes et une minute contient 60 secondes. Une heure contient donc 3 600 secondes, soit 60 × 60.

110 **c)** {septembre, novembre, avril}

Les mois de l'année qui ont 31 jours sont janvier, mars, mai, juillet, août, octobre et décembre. Les mois de avril, juin, septembre et novembre ont 30 jours. Le mois de février est à part avec ses 28 jours, 29 lors des années bissextiles.

111 **c)** à 2 h 15 min

Il a gardé d'abord de 21 h à 24 h (3 heures), puis le reste, soit 2 h 15, après 0 h 00.

Statistique

112 **b)** 75 %

On trouve la moyenne en additionnant les deux notes obtenues, puis en divisant par deux.

113 **c)** 7

Obtenir une moyenne de 8 sur 10, c'est comme obtenir une note de 8 à chacun des examens, ce qui fait un total de 24. Philippe a déjà 17 (8 + 9). Il lui manque donc 7 points (24 − 17) pour obtenir un total de 24 aux trois examens.

114 **d)** 160

Le diagramme indique que 40 % des élèves interrogés préfèrent les romans d'aventures, soit $\frac{40}{100}$ × 400 ou 400 ÷ 100 × 40 = 160.

Corrigé

115   **a)**   9 mois

      b)   6 mois

      c)   6 mois

      d)   un diagramme à ligne brisée

Probabilité

116 $\frac{6}{7}$

Six des sept jours de la semaine se terminent par la syllabe «di».

117 $\frac{3}{9}$ ou $\frac{1}{3}$

Après avoir tiré un jeton, il reste 9 jetons dans le pot, dont 3 seulement sont jaunes.

118 $\frac{1}{3}$

Les billes de ce sac sont constituées de trois parties égales, dont deux sont noires et une, blanche.

119   Non.

La probabilité est la même puisqu'il y a, sur un dé, autant de nombres pairs (2, 4 et 6) que de nombres impairs (1, 3 et 5).

120   **a)** $\frac{26}{52}$ ou $\frac{1}{2}$; **b)** $\frac{6}{52}$ ou $\frac{3}{26}$; **c)** $\frac{2}{52}$ ou $\frac{1}{26}$; **d)** $\frac{1}{52}$

121   **b)** $\frac{1}{2}$

À chaque naissance, la probabilité d'avoir un garçon ou une fille est toujours de 1 sur 2, quels qu'aient été les résultats des naissances précédentes.

122 $\frac{6}{26}$ ou $\frac{3}{13}$

Il y a 6 voyelles dans l'alphabet, soit a, e, i, o, u et y.

123   Non. Sur les 13 lettres que contiendra le sac, 5 appartiendront à Julia et 8, à Théodore. La probabilité que Théodore doive laver la vaisselle sera donc plus grande.

124   5 boules rouges

$\frac{1}{3}$ de 12 = 4, il y a donc 4 boules blanches.

$\frac{1}{4}$ de 12 = 3, il y a donc 3 boules vertes.

Il y a donc 12 − (4 + 3), soit 5 boules rouges.

125   **d)** $\frac{1}{10}$

À l'aide d'un rapporteur d'angles, on constate que la section 0\$ mesure 36°. Or, on sait que l'ensemble du cercle comprend 360°. La probabilité de ne rien gagner est donc égale à $\frac{36}{360}$ ou $\frac{1}{10}$.

Culture générale

1 **c)** la Terre

L'eau occupe les trois quarts de la surface de la Terre. Vue de l'espace, elle a donc l'air d'être bleue. Ce surnom lui a été donné par les astronautes.

2 **b)** Melchior, Gaspard, Balthazar

Selon la tradition chrétienne, les Rois mages seraient partis d'Orient pour suivre une étoile mystérieuse qui les aurait conduits jusqu'à Bethléem, là où Jésus est né. Ils lui auraient offert de l'or, de l'encens et de la myrrhe.
Abraham, Isaac et Moïse sont des prophètes mentionnés dans la Bible, le recueil de textes sacrés des chrétiens et des juifs.
Matthieu, Luc et Jean sont trois des quatre évangélistes: ils ont rapporté la vie et les paroles de Jésus dans le Nouveau Testament de la Bible.

3 **b)** la toundra

Le Nord du Québec est occupé par la toundra.
La forêt tropicale est dense et luxuriante. Elle se retrouve dans les pays chauds.
La savane est une prairie où poussent de hautes herbes, mais peu d'arbres et de fleurs. Elle se retrouve dans les pays chauds.

4 **a)** taïga

La taïga est une végétation composée d'épinettes. On la trouve dans les régions assez froides, au sud de la toundra. Les arbres sont petits (5 à 10 m), peu fournis et clairsemés. Le blizzard est un vent glacial, qui souffle du nord. L'équateur est la ligne imaginaire qui entoure la Terre, à égale distance des pôles.

5 **c)** prêteuse

La Fourmi n'est pas **prêteuse**:
C'est là son moindre défaut.

6 **a)** à l'Asie

7 **a)** la forêt boréale

La forêt boréale est composée de pins, de sapins, de mélèzes et d'épinettes noires. Elle représente les trois quarts de la forêt québécoise.

8 **a)** vrai

Le Soleil n'éclaire pas la Terre de la même manière tout au long de l'année. Quand c'est l'hiver dans la partie nord de la Terre, c'est donc l'été dans la partie sud. Quand c'est l'automne dans la partie nord, c'est le printemps dans la partie sud.

9 **b)** Maroc

Le Maroc est situé dans le nord-ouest de l'Afrique.

10 **b)** faux

Les Jeux olympiques (d'hiver ou d'été) ont lieu tous les quatre ans.

11 **a)** vrai

La Russie a la plus grande superficie, avec 17 075 400 km², ensuite viennent le Canada, avec 9 684 670 km², et la Chine avec 9 596 961 km².

12 **a)** Léonard de Vinci

Léonard de Vinci est un peintre né près de Florence, en Italie, en 1452. Son œuvre la plus célèbre est *La Joconde*. Beethoven est un compositeur de musique né en Allemagne en 1770. Shakespeare est un écrivain anglais né en Angleterre en 1564.

13 **b)** une consultation

Lorsqu'un gouvernement veut connaître l'avis de la population sur une question ou sur une mesure qu'il souhaite adopter, il organise un référendum. Les électeurs devront voter pour donner leur avis. Ne pas confondre avec une élection, où l'on choisit par un vote un ou plusieurs représentants.

14 **b)** un clan

Chez les Amérindiens, chaque clan a un totem, c'est-à-dire un animal, une plante ou encore une force de la nature, qui serait son premier ancêtre et qui l'identifie. Exemples: le loup, l'ours, le tonnerre.

15 **c)** Fernand de Magellan

Fernand de Magellan (1480 – 1521) est un navigateur portugais au service du roi d'Espagne Charles Quint. Voulant se rendre aux Indes en passant par l'ouest, mais sans traverser l'Amérique, il a établi la route suivante: dépasser la pointe de l'Amérique du Sud, arriver au large de l'Asie et revenir vers l'Europe en passant au sud de l'Afrique.
Jacques Cartier (1491 – 1557) a pris possession du Canada au nom du roi de France François 1er. Samuel de Champlain (1567 – 1635) est le fondateur de la ville de Québec. Christophe Colomb (1450 – 1506) a découvert l'Amérique.

16 **d)** Christophe Colomb

Christophe Colomb (1450 – 1506) est un navigateur génois. Il a découvert l'Amérique alors qu'il voulait se rendre au Japon et en Chine en passant par l'ouest.

17 **c)** une maladie

Le scorbut est une maladie provoquée par le manque de vitamine C.

18 **b)** par un maire

Un président gouverne un pays ou dirige une compagnie. Un ministre est chargé d'un secteur du gouvernement (ministre de l'Éducation, de la Santé, etc.).

19 **b)** 1886

La première voiture fut construite par Daimler et Benz en 1886. Elle était à essence. (Même si l'on ne connaissait pas la réponse à cette question, on pouvait la deviner: 1586, c'est beaucoup trop tôt; 1956, c'est beaucoup trop tard.)

20 **a)** maintenir la paix et la sécurité internationale

21 **c)** un organisme international qui s'occupe des enfants

22 **b)** le volley-ball

Le volley-ball est un sport d'équipe où 6 joueurs de deux équipes se renvoient un ballon de part et d'autre d'un filet.
Les arts martiaux (judo, aïkido, karaté) sont des méthodes de combat sans armes utilisées autrefois par les guerriers au Japon et en Chine.

23 **c)** Jean de La Fontaine

Jean de La Fontaine (1621 – 1695) est un poète français qui a écrit de nombreuses fables mettant en scène des animaux (*La Cigale et la Fourmi, Le Corbeau et le Renard, Le Lièvre et la Tortue*, etc.).
Pablo Picasso (1881 – 1973) et Vincent Van Gogh (1853 – 1890) sont des peintres.

24 **b)** un écrivain

Charles Perrault (1628 – 1703) est un écrivain français qui a écrit de nombreux contes (*Le Petit Poucet, Cendrillon, Barbe-Bleue*, etc.).

25 **c)** un pays

La Colombie est située au nord-ouest de l'Amérique du Sud.

26 **b)** un empereur romain

Jules César (100 – 41 avant Jésus-Christ) a étendu l'empire romain en conquérant de nombreuses régions autour de la mer Méditerranée (Espagne, Gaule, Égypte).

27 **b)** 1492

Christophe Colomb (1450 – 1506) est un navigateur génois. Il a découvert l'Amérique lors de son premier voyage, après 33 jours de mer. Il fera encore deux autres voyages.
(Même si l'on ne connaissait pas la réponse à cette question, on pouvait la deviner: 692, c'est beaucoup trop tôt; 1892, c'est beaucoup trop tard.)

28 **b)** 1923

Depuis la fin du 19e siècle, beaucoup de recherches sont en cours un peu partout dans le monde, mais c'est en 1923 que le Britannique John L. Baird réussit à concevoir un véritable système de télévision.
(Même si l'on ne connaissait pas la réponse à cette question, on pouvait la deviner: 1723, c'est beaucoup trop tôt; 1953, c'est trop tard.)

29 **b)** la France

Les Gaulois, habitants de la Gaule, sont les ancêtres des Français.
L'Angleterre était peuplée par des Celtes, l'Italie par des Romains et l'Allemagne par des Germains.

30 **c)** Hercule

Hercule appartient à la mythologie grecque. Il symbolise la force.

31 **c)** un mensuel

Un quotidien paraît chaque jour et un hebdomadaire paraît chaque semaine.

Corrigé

32 **c)** la nuit

La nuit porte conseil: lorsqu'on hésite à prendre une décision, attendre au lendemain peut nous aider.

33 **c)** une croix rouge sur fond blanc

La Croix-Rouge est un organisme international fondé à Genève, en Suisse, en 1863, pour venir en aide aux victimes de la guerre. En temps de paix, la Croix-Rouge participe à des actions humanitaires.

34 **a)** un président américain

George Washington devint le premier président des États-Unis en 1789.

35 **b)** non

Il y a environ 500 000 ans, les hommes des cavernes ont découvert comment faire du feu, en frottant des pierres ou des bâtons l'un contre l'autre, mais les allumettes ne furent inventées qu'en 1830 par le Britannique John Walker.

36 **b)** Alice

Alice est l'héroïne du roman de Lewis Carroll (1832 – 1898) *Alice au pays des merveilles*, qui a inspiré de nombreux films et dessins animés.

37 **b)** Ali Baba

Ali Baba, le héros de l'histoire *Ali Baba et les 40 voleurs*, racontée dans les *Mille et Une Nuits*, surprend des voleurs devant la grotte qui leur sert de repaire et dont la porte s'ouvre à ces mots: «Sésame, ouvre-toi!»
Sindbad, un autre personnage des *Mille et Une Nuits*, est un marin à qui il arrive toutes sortes d'aventures. Peter Pan, personnage créé par le romancier britannique James M. Barrie en 1904, est un garçon qui refuse de grandir.

38 **a)** la comtesse de Ségur

La comtesse de Ségur (1799 – 1874) a écrit de nombreux ouvrages pour la jeunesse: *Les Petites Filles modèles*, *Les Malheurs de Sophie*, *Le Général Dourakine*, etc.

39 **c)** Pénélope

Ulysse est un héros grec, roi légendaire d'Ithaque. Ses aventures sont racontées dans *L'Odyssée* et dans *L'Iliade*. Pendant les vingt ans d'absence de son mari, Pénélope lui restera fidèle.

40 **b)** *Le Livre de la jungle*

Le Livre de la jungle fut écrit par R. Kipling en 1894. Mowgli est un petit garçon, le «petit d'homme». Bagheera est une panthère, Baloo est un ours.
L'Île au trésor, écrit par R. L. Stevenson en 1883, raconte les aventures d'un jeune garçon aux prises avec des pirates. *Le Tour du monde en 80 jours*, écrit par Jules Verne en 1873, raconte les aventures de Phileas Fogg qui a fait le pari de faire le tour du monde en moins de 80 jours.

41 **c)** le Petit Poucet

Perdu dans la forêt par ses parents avec ses six frères, le Petit Poucet apparaît dans le conte de Charles Perrault intitulé *Le Petit Poucet*.

Corrigé

Merlin est un enchanteur. Il apparaît aux côtés du roi légendaire Arthur dans les récits des chevaliers de la Table ronde. Il a inspiré de nombreux films et dessins animés.
Créé par le romancier irlandais Jonathan Swift en 1726, Gulliver visite toutes sortes de pays imaginaires, dont le Lilliput, où les habitants, les Lilliputiens, ne mesurent pas plus que six pouces.
Cendrillon est la jeune fille qui, maltraitée par sa belle-mère et ses demi-sœurs, est aidée par sa marraine la fée. Son histoire, racontée par Charles Perrault, a inspiré de nombreux dessins animés, de Walt Disney notamment, et des films.

42 **b)** un écrivain

Victor Hugo (1802 – 1885), écrivain français, est l'auteur de plusieurs romans, dont *Notre-Dame de Paris* et *Les Misérables*, ainsi que de très nombreuses poésies.

43 **b)** tous les quatre ans

Une année comporte 365 jours. Mais la Terre met 365 jours $\frac{1}{4}$ pour faire le tour du Soleil. Pour simplifier le calendrier – comme il est impossible d'avoir un quart de journée –, on a décidé d'ajouter, tous les quatre ans, une journée au mois de février, qui compte alors 29 jours. Ces années de 366 jours sont appelées années bissextiles.

44 **a)** un petit corps céleste

Les astéroïdes sont des débris rocheux présents dans l'espace.

45 **b)** le toucher

La peau est l'organe du toucher.
L'œil est l'organe de la vue. L'oreille est l'organe de l'ouïe. Le nez est l'organe de l'odorat. La langue est l'organe du goût.

46 **c)** Paris

Madrid est la capitale de l'Espagne. Washington est la capitale des États-Unis. Ottawa est la capitale du Canada.

47 **a)** molaires

Un être humain adulte a normalement trente-deux dents: huit incisives fines et tranchantes, quatre canines pointues et vingt molaires larges et puissantes.

48 **a)** … gèle.

À partir de 0 °C (zéro degré Celsius), les gouttes d'eau se transforment en cristaux de glace. À partir de 100 °C, l'eau bout et s'évapore. (En fait, l'ébullition de l'eau est liée à l'altitude. Ainsi, l'eau bout à partir de 100 °C au niveau de la mer, mais plus on s'élève en altitude, plus la température d'ébullition baisse.)

49 **c)** l'étoile Polaire

Cette étoile est la plus brillante de la constellation de la Petite Ourse. Elle doit son nom à sa proximité du pôle Nord.

50 **b)** faux

Les prunes, les pêches et les abricots ont un noyau, mais pas les pommes (elles ont des pépins).

Corrigé

51 c) l'eau

La force de l'eau produit de l'énergie qui permet, à son tour, de produire de l'électricité.

52 c) Europe

Un continent est une vaste étendue de terres que l'on peut parcourir sans traverser la mer.
L'Italie, la Russie et la Tunisie sont des pays.

53 a) Pacifique

Le Mississipi est un fleuve des États-Unis. La Méditerranée et l'Adriatique sont des mers.

54 a) un nomade

55 c) au football

Le Super Bowl est le match final opposant les deux équipes qui ont gagné les séries éliminatoires
de la saison de football aux États-Unis. Il a lieu chaque année le dernier dimanche de janvier.

56 a) à transmettre des documents

Un télécopieur permet de transmettre, grâce au téléphone, les fac-similés de documents imprimés.

57 b) faux

La mer est bleue parce que le ciel se reflète dedans. D'ailleurs, quand le ciel est nuageux,
la mer prend une teinte plutôt grise.

58 a) la pollution

L'air qui entoure la Terre laisse pénétrer la chaleur du Soleil. Après avoir traversé l'air, une partie
de cette chaleur repart dans l'espace. Or, l'air pollué retient plus de chaleur et devient comparable
aux vitres d'une serre qui laissent entrer la chaleur, mais ne la laissent pas ressortir. Le réchauffement
de la Terre peut avoir de graves conséquences sur le climat.

59 a) la colombe

Le lion symbolise la force. L'âne est souvent associé à la bêtise ou à l'entêtement.

60 b) en haut à gauche

Par convention, pour que tout le monde puisse s'orienter de la même façon, le haut d'une carte
correspond au nord, le bas au sud, le côté droit à l'est et le côté gauche à l'ouest.

61 c) Don Quichotte

Monté sur sa mule Rossinante et aidé par son fidèle écuyer Sancho Pansa, Don Quichotte essaie
de vivre en chevalier à une époque où la chevalerie a disparu depuis longtemps. Son histoire
est racontée par l'écrivain espagnol Cervantès au début du 17e siècle.

62 d) le verre

Une ressource naturelle se trouve à l'état brut dans la nature. Le verre n'est pas une ressource
naturelle, car il est obtenu par la transformation de certaines matières (sable, calcaire, etc.).

Corrigé

63 **b)** la sirène

Les sirènes sont des êtres imaginaires dont le haut du corps est celui d'une femme et le bas du corps, une queue de poisson.
Les gnomes sont des êtres imaginaires petits et difformes qui habitent à l'intérieur de la Terre dont ils gardent les richesses. Les elfes sont également des êtres imaginaires qui symbolisent l'air, la terre ou le feu.

64 **a)** la Maison Blanche

La Maison Blanche est située dans la capitale des États-Unis, Washington. Depuis la fin du 18e siècle, c'est là qu'habitent tous les présidents des États-Unis.

65 **a)** 28

Une année comporte 365 jours. Mais la Terre met 365 jours $\frac{1}{4}$ pour faire le tour du Soleil.
Pour simplifier le calendrier – comme il est impossible d'avoir un quart de journée –, on a décidé d'ajouter, tous les quatre ans, une journée au mois de février, qui compte alors 29 jours.
Ces années de 366 jours sont appelées années bissextiles.

66 **c)** les voitures qui fonctionnent à l'électricité

Les voitures qui fonctionnent à l'essence (sans plomb, diesel) sont une grande source de pollution. De nombreux constructeurs automobiles offrent maintenant des voitures qui fonctionnent à l'électricité.

67 **a)** au tennis

La coupe Davis est une épreuve internationale créée en 1900, qui a lieu chaque année. Elle oppose, pendant trois jours, des équipes nationales de quatre joueurs en cinq matchs.

68 **c)** au football

La coupe Grey est le trophée remporté chaque année par la meilleure équipe de football au Canada.

69 **d)** au soccer

Le Mondial est le nom donné, depuis 1974, à la coupe du monde de soccer, disputée tous les quatre ans.

70 **b)** la Lune

La Lune est un satellite de la Terre parce qu'elle tourne autour de la Terre.
Mars et Vénus sont des planètes du système solaire. Comme la Terre, elles tournent autour du Soleil.

71 **c)** aux échecs

Né aux Indes vers le 6e siècle, le jeu d'échecs fut introduit en Europe par les Arabes.
Deux adversaires déplacent chacun leurs pièces, de valeurs différentes, sur un plateau de jeu de 64 cases. Les pièces du jeu d'échecs sont le roi, la reine, les pions, la tour, le fou, le cheval.

72 **b)** 50 ans

Un siècle dure 100 ans, un demi-siècle dure donc la moitié moins, c'est-à-dire 50 ans.

Corrigé

73 ▸ **b)** V

Jules César fut empereur des Romains. Il est né en 100 avant Jésus-Christ et mort en 44 avant Jésus-Christ.
À cette époque, en Europe, on utilisait non pas les chiffres arabes, mais les chiffres romains.
Les chiffres romains:

I = 1   V = 5   X = 10   L = 50   C = 100   D = 500   M = 1 000

On procède par addition et par soustraction. Une lettre ne peut être répétée plus de trois fois. Le nombre à soustraire se place à gauche de la lettre de base. Le ou les nombres à ajouter se placent à droite de la lettre de base.
Exemples: VI (5 + 1) = 6; IV (5 − 1) = 4

74 ▸ **b)** 50

Il y a 52 semaines dans une année.

75 ▸ **a)** l'électricité

Une ressource naturelle se trouve à l'état brut dans la nature. L'électricité n'est pas une ressource naturelle, elle est fabriquée dans des centrales électriques.

76 ▸ **b)** Les deux sens opposés de la circulation sont séparés.

77 ▸ **b)** les Oscars

La cérémonie des Oscars a lieu chaque année aux États-Unis.
La cérémonie des Césars récompense les personnalités du cinéma en France, la cérémonie des Jutras, celles du Québec.

78 ▸ **c)** au 17e siècle

Un siècle dure 100 ans. Le 1er siècle commence l'an 1 et se termine l'an 100, le 2e siècle commence l'an 101 et se termine l'an 200, et ainsi de suite. De 1401 à 1500, c'est le 15e siècle. De 1501 à 1600, c'est le 16e siècle. De 1801 à 1900, c'est le 19e siècle.

79 ▸ **c)** XVI

Les chiffres romains:

I = 1   V = 5   X = 10   L = 50   C = 100   D = 500   M = 1000

On procède par addition et par soustraction. Une lettre ne peut être répétée plus de trois fois. Le nombre à soustraire se place à gauche de la lettre de base. Le ou les nombres à ajouter se placent à droite de la lettre de base.
Exemples: XIII (10 + 3) = 13; IX (10 − 1) = 9.

80 ▸ **b)** la ville où siège le gouvernement d'un pays

La ville la plus peuplée d'un pays s'appelle une métropole.

81 ▸ **b)** le 1er avril

Pour certains, cette tradition serait liée à la fermeture de la pêche, qui, depuis des siècles, avait lieu en France le 1er avril: pour taquiner les pêcheurs qui ne pouvaient plus pêcher, on leur envoyait des poissons. Pour d'autres, cette habitude a pris naissance lorsque l'on a changé le Nouvel An du 1er avril pour le 1er janvier: on se faisait de faux cadeaux par plaisanterie.

Corrigé

82 **c)** Walt Disney

Walt Disney est le créateur des personnages Mickey et Donald. Il est né à Chicago, aux États-Unis, en 1901. Il est mort en 1966.
Charlie Chaplin est un comédien des débuts du cinéma. Il a créé le personnage de Charlot.
Hergé est le créateur du personnage de bande dessinée Tintin.

83 **a)** Un groupe d'étoiles qui forment un dessin dans le ciel.

Un ensemble de milliards d'étoiles est une galaxie.
L'ensemble des planètes qui tournent autour du Soleil est appelé le système solaire.

84 **d)** en Italie

85 **b)** les empreintes digitales

Sur le bout des doigts de chaque être humain se trouvent de petites rides circulaires. Le dessin que forment ces rides s'appelle les empreintes digitales.

86 **b)** faux

La vache, comme tous les bovidés (taureaux, chèvres, antilopes…), est un mammifère ruminant qui porte des cornes creuses.

87 **c)** Iran
L'Iran est situé en Asie.

88 **a)** de la bière

Le cidre est obtenu par fermentation de pommes. Le vin est obtenu par fermentation du raisin.

89 **c)** le crocodile

Un mammifère est un animal qui allaite ses petits. Le crocodile est un reptile.

90 **c)** le hibou

Un carnivore mange de la viande. Le hibou se nourrit de mulots, de rats et de souris.
Le taureau, le gorille et l'écureuil sont des herbivores: ils se nourrissent de végétaux (herbes, fruits, graines, etc.).

91 **c)** Rembrandt

Rembrandt (1606 – 1669) est un peintre néerlandais.
Mozart (1756 – 1791), Beethoven (1770 – 1827) et Bach (1685 – 1750) sont des compositeurs de musique.

92 **c)** la trompette

Les instruments à vent (trompette, flûte, clarinette, cor, etc.) produisent les sons grâce à l'air qui vibre à l'intérieur.
La guitare et la harpe sont des instruments à cordes (le son est produit par le frottement ou le pincement de cordes). Le xylophone est un instrument à percussion (on produit le son en frappant sur l'instrument).

Corrigé

93 **b)** mangue

La mangue est un fruit.

94 **c)** un empereur

Un roi est le chef d'une monarchie. Un premier ministre est le chef d'un gouvernement.

95 **b)** le lactose

Le lactose est le sucre contenu dans le lait.

96 **d)** ver de terre

Le ver de terre est un invertébré (il n'a pas de colonne vertébrale).
Les reptiles sont des vertébrés (ils ont une colonne vertébrale). Ils ont une peau recouverte d'écailles. Ce sont des animaux à sang froid.

97 **d)** Zeus

Dans la mythologie grecque, Zeus est le roi des dieux.
Les huit planètes du système solaire: Mercure, Vénus, Terre, Mars, Jupiter, Saturne, Uranus, Neptune.

98 **b)** le braille

Ce système fut inventé par le Français Louis Braille (1809 – 1852), qui était devenu aveugle à l'âge de trois ans.
Dans l'alphabet morse, inventé par l'Américain Samuel Morse en 1832, chaque lettre est représentée par une combinaison de signes longs et courts. L'alphabet cyrillique est utilisé pour transcrire plusieurs langues slaves (russe, bulgare, etc.).

99 **d)** malaxeur

Un malaxeur est un appareil qui sert à pétrir une substance pour la ramollir.
Un logiciel est un programme informatique qui permet à un ordinateur d'effectuer des tâches diverses. Le microprocesseur d'un ordinateur, aussi appelé puce, permet à un ordinateur de gérer tous les calculs nécessaires à son fonctionnement.
Internet est un réseau de télécommunication qui permet de communiquer des textes, des images ou des sons d'un ordinateur à un autre par l'intermédiaire d'une ligne téléphonique, du câble ou d'un satellite.

100 **c)** l'encens

L'encens n'est pas un métal, mais une résine aromatique tirée d'une plante que l'on trouve en Orient.

Corrigé

Habiletés logiques

1 **b)** 184 623

2 **b)** 12

$4 + 2 + 6 = 12$

On peut aussi trouver la réponse sans faire de calculs, sachant que la somme de nombres pairs donne toujours un nombre pair.

3 **a)** vrai

$12 \times 3 = 36$

4 **a)** vrai

5 **c)** 30

Les chèvres ont quatre pattes, les pigeons en ont deux : $6 \times 4 = 24$; $3 \times 2 = 6$; $24 + 6 = 30$.

6 **a)** oui

En effet, 1 min 20 = 60 s + 20 s = 80 secondes.

7 **b)** 30

Puisqu'il y a 60 minutes dans une heure, il s'écoule dix minutes avant 11 h. Si l'on ajoute les 20 minutes qui s'écoulent après 11 h, cela fait 30 minutes.

8 **a)** vrai

Pour être sûr de ne pas se tromper, on peut barrer les chiffres semblables.

9 **d)** 8

Le visiteur doit donner le nombre de lettres de chaque mot.
Il y a 5 lettres dans le mot vingt, 6 lettres dans le mot quinze, 4 lettres – et non pas 7 – dans le mot huit, 3 lettres dans le mot dix et 8 lettres dans le mot quatorze.

10 **c)** 10

La moitié de 60 est 30 ($60 \div 2 = 30$). Le tiers de 30 est 10 ($30 \div 3 = 10$).

11 **a)** N

La suite de lettres est ainsi construite : 2 lettres consécutives (AB), puis on saute une lettre (C) ; 2 lettres consécutives (DE), puis on saute 2 lettres (FG), 2 lettres consécutives (HI), puis on saute 3 lettres (JKL). C'est donc la lettre qui suit le M qui continue la suite, soit N.

12 **d)** 49

Chaque nombre est accompagné par son carré : le carré de 3 est 9, le carré de 5 est 25.
Le carré de 7 est 49 ($7 \times 7 = 49$).

Corrigé

13 a)

14 a) 9, 16

Sur chaque ligne horizontale, la règle est (+ 2, + 3).
Sur chaque ligne verticale, la règle est (+ 3, + 4).

15 c) lundi

Nous sommes vendredi. Après-demain nous serons donc dimanche. Et c'est lundi que dimanche sera hier.

16 c) 2 chances

Dans un jeu de cartes, il y a deux 10 noirs (10 de pique et 10 de trèfle) et deux 10 rouges (10 de carreau et 10 de cœur). J'ai donc deux chances.

17 b) 5

On peut dire que 64 est le carré de 8 (8 × 8 = 64) et que 25 est le carré de 5 (5 × 5 = 25).

18 a) 3 jours

Avec 4 fois plus d'ouvriers (12 = 4 × 3), il aurait fallu 4 fois moins de temps, c'est-à-dire 3 jours (12 ÷ 4 = 3).

19 a) 0

3 × 0 = 0
9 × 0 = 0

20 d) 9

Le nombre 9 est le seul qui n'est pas un nombre premier. Un nombre premier est un nombre qui ne se divise que par 1 et par lui-même.

21 c) 42

Tous les autres nombres sont des nombres carrés.
(5 × 5 = 25; 6 × 6 = 36; 8 × 8 = 64; 9 × 9 = 81)

22 a) vrai

$\frac{3}{4}$ de 1$ = 0,75$ ($\frac{3 \times 25}{4 \times 25} = \frac{75}{100} = 0,75$)

23 c) 883

Le chiffre des dizaines et le chiffre des unités sont intervertis.

24 a) D'un côté, la reine d'Angleterre; de l'autre, un castor.

25 b) H

La lettre qui suit le H est I et celle qui précède le I est H.

Corrigé

26   **b)**   verre

27   **d)**   provenir

Partir, quitter, s'éloigner, c'est aller vers...
Provenir, c'est venir de...

28   **d)**   NOLATNAP

29   **a)**   vrai

Pour être sûr de ne pas se tromper, on peut écrire le premier mot, et barrer dans un sens les lettres semblables au fur et à mesure qu'on lit les lettres du 2e mot. Ensuite, barrer dans l'autre sens les lettres du 3e mot.

30   **b)**   déployer

Diminuer, réduire et *affaiblir* sont des synonymes. *Déployer* signifie *étendre largement.*

31   **b)**   fragilité

La résistance, la patience et la force sont des formes d'endurance.

32   **c)**   1 jour

Le 10e jour, la moitié de la fenêtre est recouverte. Si l'araignée double sa toile chaque jour, il ne faudra qu'une journée de plus pour recouvrir toute la fenêtre.

33   **c)**   déclencher

Achever, terminer et *interrompre* ont le sens de *finir. Déclencher* a le sens de *démarrer.*

34   **b)**   la vache

Le veau est le petit de la vache comme l'agneau est le petit de la brebis.

35   **c)**   Hier, elle a cassé ses CD.

C'est la prononciation des lettres qui donne les mots de la phrase:
I R   L   A   K C   C   CD
Hier   elle   a   cassé   ses   CD

36   **c)**   J'ai soupé.

C'est la prononciation des lettres et leur disposition qui donne les mots de la phrase:
G (J'ai) est placé sous P (soupé).

37   **b)**   au mouton

La brebis est la femelle du mouton comme la jument est la femelle du cheval.

38   **b)**   ananas

Le nom des fruits suit l'ordre alphabétique croissant jusqu'à **d**, puis l'ordre décroissant jusqu'à **a.**

39   **b)**   l'arbre

Le fruit provient de l'arbre comme l'œuf provient de la poule.

Corrigé

40 **c)** la couturière

L'aiguille est l'outil de la couturière comme le stéthoscope est l'outil du médecin.

41 **c)** GTHS

Les première et troisième lettres de chaque groupe suivent l'ordre alphabétique croissant (de A à G) et les deuxième et quatrième lettres de chaque groupe suivent l'ordre alphabétique décroissant (de Z à S).

42 **b)** bien que cela soit

Bien que indique une opposition. *Parce que* et *puisque* expriment une cause.

43 **b)** mais

Mais exprime une opposition.
Car, puisque, ainsi expriment une cause.

44 **a)** vrai

LAV**ER**   TE**ST**   BALEI**NE**
ER ST NE → ER NE ST → ERNEST

45 **b)** marin

La mer est ce qui fait vivre le marin comme la terre est ce qui fait vivre l'agriculteur.

46 **a)** méconnaissable

S'il avait changé, il ne pouvait pas être *identique* ni *ressemblant* ni *semblable*.

47 **a)** oui

Il y a un grand-père, un père et un fils. Le grand-père et le père sont les deux pères. Le père et le fils sont les deux fils.

48 **c)** changeant

Patient, ferme, fidèle ont un sens proche de *persévérant*.

49 **c)** AVIL AVA PLAVU SAVAMAVEDAVI

A**VIL** AV**A** **PL**AV**U** **S**AV**AM**AV**ED**AVI

50 **a)** ⊄

Les éléments des deux premières cases horizontales se rejoignent dans la troisième case sans changer d'orientation.

51 **c)**

Les figures se déplacent d'une case à l'autre dans le sens des aiguilles d'une montre.

52 **d)**

À chaque nouveau visage, une partie du corps (une seule) s'ajoute.

53 **c)**

Sur la troisième figure, les lignes de la première et de la deuxième se croisent. Il ne doit pas y avoir de lignes en plus comme dans les figures a) et b).

54 **d)** 10

55 **b)**

La figure centrale de l'étoile est différente dans chacune des trois figures, horizontalement et verticalement. Par rapport à la figure centrale, la partie ombragée se déplace dans le sens des aiguilles d'une montre.

56 **b)** ® % ∅ ⊗ & © ∇

⊕ est changé pour ∅.

57 **b)** à droite

```
        Nord
         ↑
Ouest ←  →  Est
         ↓
        Sud
```

58 **c)** mon cousin

Le frère de mon père est mon oncle.
Les enfants de mon oncle (son fils et le frère de son fils) sont mes cousins.

59 **b)** lundi

Le lendemain de lundi est mardi. La veille de mardi est lundi.

60 **c)** l'est

```
        Nord
         ↑
Ouest ←  →  Est
         ↓
        Sud
```

Lorsque tu marches en direction de l'ouest et que tu tournes à droite, tu te diriges vers le nord. Lorsque tu tournes encore à droite, tu te diriges vers l'est.

61 **d)** $\rightarrow \rightarrow \uparrow \rightarrow \downarrow \rightarrow \uparrow$

Il y a deux flèches dirigées vers le haut alors qu'il n'y en a qu'une dans les autres parcours.

62 **b)** 9

Max est le 4e à partir de la fin, il y a donc 3 personnes derrière lui. Max est le 6e à partir du début, il y a donc 5 personnes devant lui. En ajoutant Max, on obtient $3 + 5 + 1 = 9$.
On peut aussi faire un schéma : X X X X X **X** X X X

                                                 début   Max   fin

63 **b)** … je ne le caresse pas.

64 **c)** Jacques

Puisque chaque personne ment, si Pierre dit qu'il est allé au Pérou, il n'y est pas allé.
Si Paul dit que Pierre est allé au Pérou, Pierre n'y est pas allé (on le savait grâce à l'indice précédent).
Si Jacques dit que Paul est allé au Pérou, Paul n'y est pas allé. Il ne reste donc que Jacques qui peut y être allé.

65 **a)** 250

Deux pages de livre (le recto et le verso) prennent une feuille. Un livre de 500 pages prend donc 250 feuilles.

66 **b)** 3

Je sais (une 1re personne qui sait) que tu sais (+ une 2e personne qui sait) qu'il sait (+ une 3e personne qui sait) que je sais (retour à la 1re personne).

67 **b)** Paul est plus vieux que Jacques.

Il est plus facile de répondre à ce type de problème en faisant un schéma.
On suit les indices au fur et à mesure en écrivant au centre le premier prénom mentionné, puis le nom du plus jeune à gauche de celui qui est plus vieux.

                                Paul   Pierre
                  Jean   Paul   Pierre
Jacques   Jean   Paul   Pierre

On compare ensuite le résultat avec chaque affirmation pour savoir laquelle est vraie.

68 **c)** Il lui reste deux crayons bleus.

Si Agathe n'avait qu'un crayon bleu, il ne peut pas lui rester deux crayons bleus. Si les deux crayons qui étaient de la même couleur étaient bleus, et que celui qu'elle a perdu est bleu, il ne peut pas lui rester deux crayons bleus. Toutes les autres affirmations sont probables.

c) Diane, Anne, Jeanne

Jeanne est arrivée après les autres, elle est donc arrivée la dernière. Puisque Anne n'est pas arrivée la première, et qu'elle n'est pas arrivée la dernière (c'est Jeanne), elle est arrivée la deuxième, et Diane est arrivée la première.

On peut aussi répondre à ce type de problème en faisant un tableau que l'on remplit en suivant les indices.

	1re	2^e	3^e
Anne	non	**oui**	non
Jeanne	non	non	**oui**
Diane	**oui**	non	non

70 **c)** Jacques, Pierre, Paul

On suit les indices au fur et à mesure en écrivant le premier prénom mentionné au centre, puis le nom du plus grand à gauche de celui qui est plus petit.

Jacques Pierre Paul

71 **c)** Marie a des cheveux courts roux.

Marie n'a pas les cheveux longs, elle a donc les cheveux courts et c'est Noémie qui a les cheveux longs. Noémie n'a pas les cheveux roux, elle a donc les cheveux châtains et c'est Marie qui a les cheveux roux.

On peut aussi répondre à ce type de problème en faisant un tableau que l'on remplit en suivant les indices.

	courts	longs	châtains	roux
Marie	oui	non	non	oui
Noémie	non	oui	oui	non

On peut alors vérifier laquelle des affirmations est vraie.

72 **d)** carottes, chou-fleur, oignons

Avec un tableau, on y voit clair immédiatement.

	carottes	tomates	navets	haricots v.	chou-fleur	oignons
Laurence				non		
Raphaël		oui		oui		
Camille		non	non			

Les seuls légumes pour lesquels on n'a pas écrit «non» sont les carottes, le chou-fleur et les oignons.

73 **a)** oui

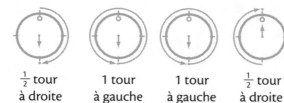

$\frac{1}{2}$ tour à droite 1 tour à gauche 1 tour à gauche $\frac{1}{2}$ tour à droite

74 **a)** 12

Une personne fait 3 clins d'œil, donc 4 personnes font 12 clins d'œil (4 × 3 = 12).

75 **b)** 9 h 00

Lorsque l'on place quelque chose devant un miroir, on obtient une figure symétrique.
Pour vérifier la réponse, on peut faire un dessin.

Examen modèle

Consigne générale

Avant l'examen

- Découper toutes les pages de l'examen (de E-1 à E-37).
- Remplir le formulaire de la page E-1.

Pendant l'examen

- Aucune documentation (dictionnaires, grammaires, cahiers d'exercices, y compris le présent ouvrage) n'est autorisée.

Durée de l'examen

- L'examen dure 3 heures : deux périodes de 90 minutes avec une pause de 15 minutes entre les deux.

- Nous suggérons la répartition de temps suivante :

  Grammaire, orthographe et vocabulaire : 45 minutes

  Production écrite : 45 minutes

  Pause : 15 minutes

  Mathématique : 30 minutes

  Culture générale : 30 minutes

  Habiletés logiques : 30 minutes

Après l'examen

- Pour faire corriger l'examen modèle de votre enfant, envoyez-le à l'adresse suivante : Correction d'examen, Marcel Didier inc., 1815, avenue De Lorimier, Montréal (Québec) H2K 3W6

- Joindre à l'envoi les pièces suivantes :

  une enveloppe 9 po × 12 po suffisamment affranchie (1,85 $) adressée à votre nom ;

  un montant de 18 $ sous forme de mandat-poste à l'ordre de Marcel Didier inc. ou le numéro et la date d'expiration d'une carte de crédit.

Prévoir entre deux et trois semaines pour la correction de l'examen.

Examen modèle

S'il vous plaît, écrire en lettres moulées.

Nom de l'enfant : _____   Prénom de l'enfant : _____

Adresse : _____

_____   Code postal : _____

N° de téléphone : _____

Mode de paiement

❑ mandat-poste à l'ordre de Marcel Didier inc.

❑ MasterCard n° _____   ❑ Visa n° _____

❑ Amex   n° _____   Date d'expiration _____

Signature _____   Date _____

Évaluation de l'examen

FRANÇAIS
Grammaire, orthographe et vocabulaire
> 50 questions : 2 points par bonne réponse
> (*seuil de réussite : 68 points*)

Production écrite
> 100 points, répartis ainsi :
> Structure du texte : 40 points
> Syntaxe (construction des phrases) : 25 points
> Ponctuation : 5 points
> Vocabulaire : 10 points
> Orthographe : 20 points
> (*seuil de réussite : 60 points*)

MATHÉMATIQUE
> 30 questions : 1 point par bonne réponse
> (*seuil de réussite : 20 points*)

CULTURE GÉNÉRALE
> 50 questions : 2 points par bonne réponse
> (*seuil de réussite : 60 points*)

HABILETÉS LOGIQUES
> 50 questions : 2 points par bonne réponse
> (*seuil de réussite : 60 points*)

Partie réservée aux correcteurs

	Note	Réussite	Échec
FRANÇAIS Grammaire, orthographe et vocabulaire	⬭	⬭	⬭
Production écrite	⬭	⬭	⬭
MATHÉMATIQUE	⬭	⬭	⬭
CULTURE GÉNÉRALE	⬭	⬭	⬭
HABILETÉS LOGIQUES	⬭	⬭	⬭

COMMENTAIRES

_____

_____

_____

_____

_____

_____

_____

_____

FRANÇAIS

Grammaire, orthographe et vocabulaire

Lis attentivement chaque question et entoure la lettre correspondant à la bonne réponse.

1 *Marie lui parlait doucement.*

Dans la phrase ci-dessus, le pronom est :

a) l'attribut ;

b) le complément direct ;

c) le complément indirect ;

d) le complément de phrase.

2 *Je t'ai apporté <u>un joli brin de muguet</u>.*

Dans la phrase ci-dessus, les mots soulignés sont :

a) l'attribut ;

b) le complément direct ;

c) le complément indirect ;

d) le complément de phrase.

3 *Pierre et Marie parlent trop fort.*

Dans la phrase ci-dessus, quel pronom personnel remplace le groupe sujet ?

a) Il

b) Ils

c) Elle

d) Elles

4 Lequel des mots suivants se termine par -**teuse** au féminin ?

a) acheteur

b) traducteur

c) moniteur

d) informateur

5 *Oscar le clown et son ami chantent sous la pluie.*

Dans la phrase ci-dessus, le groupe sujet est :

a) Oscar le clown et son ami ;

b) chantent sous la pluie ;

c) Oscar ;

d) le clown et son ami.

6 *Je le dirai à ma mère.*

Dans la phrase ci-dessus, les mots soulignés sont :

a) l'attribut ;

b) le complément direct ;

c) le complément indirect ;

d) le complément de phrase.

7 Quel est le participe passé du verbe *finir*?

a) fini

b) finis

c) finissant

8 Vrai ou faux?

Dans la phrase ci-dessous, les virgules séparent les éléments d'une énumération.

Lancelot a mangé des œufs, du bacon, du pain grillé et des muffins pour le déjeuner.

a) vrai

b) faux

9 *Elle lui répondit avec chaleur.*

Dans cette phrase, le nom *chaleur* est employé :

a) au sens propre ;

b) au sens figuré.

10 Vrai ou faux?

Dans la phrase suivante, les mots soulignés sont un groupe du nom.

Le petit monsieur qui est passé devant nous travaille avec mon père.

a) vrai

b) faux

11 Dans la liste suivante, un seul mot peut être un pronom ou un déterminant. Lequel?

a) lui

b) ce

c) celui

d) se

12 Vrai ou faux?

Un verbe dont le sujet est le pronom relatif **qui** est toujours à la 3e personne du singulier.

a) vrai

b) faux

13 Dans la phrase suivante, quel mot est mal orthographié?

Quel réponse est juste?

a) Quel

b) réponse

c) est

d) juste

14 Quel verbe conjugué complète la phrase?

Si j'____ des ailes, je m'envolerais pour la Gaspésie.

a) aurais

b) aurait

c) avais

d) avait

15 Le noyau du groupe du nom est:

a) un adjectif;

b) un déterminant;

c) un nom;

d) un verbe.

16 *Il ____ trompé quatre fois de chemin!*

Quel mot complète la phrase ci-dessus?

a) s'est

b) c'est

c) ses

d) ces

17 Quel mot n'est pas de la même famille que les autres ?

a) mensonge

b) mésentente

c) menteur

d) démentir

18 Quelle liste de mots n'est pas classée dans l'ordre alphabétique ?

a) personne, pesanteur, pharaon, pierre

b) saison, salaire, silence, sonore

c) terrible, terroir, terminus, têtard

d) glisser, gloire, gonfler, graine

19 Comment appelle-t-on une phrase qui exprime une vive émotion ?

a) impérative

b) exclamative

c) interrogative

d) déclarative

20 Quels mots terminent la phrase ?

Ma mère est...

a) ... fière de moi.

b) ... fier de moi.

c) ... fiers de moi.

d) ... fières de moi.

21 Quel adjectif complète la phrase ?

Jean est arrivé chez lui le pantalon et la chemise...

a) ... déchiré.

b) ... déchirée.

c) ... déchirés.

d) ... déchirées.

22 *Ma vache _____ donné trois litres de lait.*
Quel mot complète la phrase ci-dessus?

a) ma

b) mat

c) m'a

d) m'as

23 Quelle lettre doit-on ajouter au verbe conjugué de la phrase?
Réfléchi... avant de parler.

a) e

b) t

c) s

d) d

24 *L'année dernière, à Noël, Noémie a appris à son frère à tricoter des bas _____ la vitesse de l'éclair.*
Quel mot complète la phrase ci-dessus?

a) a

b) à

25 Quel mot n'est pas synonyme de **renoncer**?

a) quitter

b) abandonner

c) persévérer

26 Dompter un animal sauvage, c'est:

a) le dresser;

b) le soigner;

c) le monter;

d) le craindre.

27 Avec tous les mots suivants, quelle phrase interrogative peut-on former?
ils   comment   leur   oiseaux   les   faire   apprennent   à   nid

a) Comment les oiseaux ils apprennent à faire leur nid?

b) Comment ils apprennent leur nid à faire les oiseaux?

c) Comment les oiseaux apprennent-ils à faire des nids?

d) Comment les oiseaux apprennent-ils à faire leur nid?

paysant

28 Lequel des noms suivants ne forme pas son pluriel en -**aux**?

a) corail

b) émail

c) vitrail

d) portail

29 Quel mot féminin est mal orthographié?

a) personnelle

b) ancienne

c) espione

d) paysanne

30 Quel verbe est bien accordé?

a) Tout le monde sont partis avant moi.

b) Tout le monde sont parti avant moi.

c) Tout le monde est parti avant moi.

31 Quel mot complète la phrase ci-dessous?

Ces questions me paraissent…

a) … compliqué.

b) … compliqués.

c) … compliquée.

d) … compliquées.

32 *Dans ses yeux brillent <u>des étincelles de colère</u>.*

Dans la phrase ci-dessus, les mots soulignés sont:

a) le groupe sujet;

b) le groupe du verbe;

c) le complément direct;

d) le complément de phrase.

33 Lequel des groupes du verbe suivants complète la phrase?

C'est moi qui…

a) … est le plus chanceux.

b) … suis le plus chanceux.

c) … es le plus chanceux.

34 Quelle est la 1re personne du singulier du verbe *être* au passé composé ?

 a) J'ai eu

 b) J'ai été

 c) Je suis allé

35 *J'aimerais devenir électricien, ____ j'adore jouer avec des fils.*
 Choisis le marqueur de relation qui convient.

 a) mais

 b) lorsque

 c) ou

 d) car

36 Quel préfixe sert à former le contraire du mot **capable** ?

 a) in-

 b) dé-

 c) mal-

37 *Ne touche pas à mon compas.*
 La phrase ci-dessus est :

 a) déclarative ;

 b) interrogative ;

 c) exclamative ;

 d) impérative.

38 Quel verbe conjugué complète la phrase ?

 Je les ____ venir avec leurs gros sabots !

 a) vois

 b) voit

 c) voient

39 Quel est le féminin de l'adjectif **complet** ?

 a) complete

 b) complette

 c) complète

40 Quelle liste contient seulement des mots qui prennent un **x** au pluriel?

a) tuyau, landau, chapeau, réseau

b) sarrau, boyau, drapeau, marteau

c) vœu, pneu, enjeu, bleu

d) joyau, jumeau, neveu, feu

41 Quel nombre est bien écrit?

a) deux cent

b) deux cents

c) deux cent$ trois

42 **Le mien**, **le tien**, **la mienne**, **la tienne**, **les nôtres**, **les vôtres** sont des pronoms:

a) personnels;

b) indéfinis;

c) possessifs;

d) démonstratifs.

43 Quelle est la terminaison des verbes *attendre*, *rendre*, *vendre* et *descendre* à la 1re personne du singulier de l'indicatif présent?

a) -d

b) -ds

c) -n

44 Comment commencent tous les noms suivants?

...bitude   ...ricot   ...bitation   ...che   ...billement

a) a-

b) â-

c) ha-

d) hâ-

45 Quelle expression n'est pas au sens propre?

a) peser une lettre

b) peser 39 kg

c) peser ses mots

46 Comment s'appelle le voyage qu'effectuent certains animaux à certaines saisons?

a) l'immigration

b) la migration

c) l'émigration

47 Les mots ci-dessous sont-ils tous masculins ou féminins?

autobus – avion – éclair – orage – asphalte

a) masculins

b) féminins

48 **Qui**, **que**, **quoi**, **dont**, **où** sont des pronoms :

a) personnels ;

b) relatifs ;

c) démonstratifs ;

d) indéfinis.

49 Lequel des mots suivants est un adverbe?

a) avancement

b) ballottement

c) commencement

d) nerveusement

50 À quel temps est conjugué le verbe suivant?
j'aimerais

a) à l'indicatif imparfait

b) à l'indicatif futur

c) à l'indicatif conditionnel présent

FRANÇAIS

Production écrite

Choisis un des deux sujets proposés, puis rédige un texte d'environ 200 mots.

SUJET A : À quoi sert l'école ?

Énumère au moins trois aspects de l'école qui te serviront dans la vie.

SUJET B : Écris une histoire dont voici la première phrase :

Cela fait une heure qu'Alaric a éteint sa lampe de chevet, il n'arrive pas à s'endormir.

_____

_____

_____

_____

_____

_____

_____

_____

_____

_____

_____

_____

_____

_____

_____

_____

_____

_____

_____

_____

_____

_____

_____

_____

_____

_____

_____

COMMENTAIRES

Partie réservée aux correcteurs

MATHÉMATIQUE

Numération, géométrie, mesure, statistique, probabilité

> Lis attentivement chaque question et entoure la lettre correspondant à la bonne réponse.

1 Quel est le plus grand nombre impair que l'on peut former à l'aide des nombres 2 à 7?

a) 756 423

b) 765 432

c) 765 423

2 Quel nombre se compose de 10 dizaines de mille, 10 centaines et 10 unités?

a) 111 100

b) 101 101

c) 100 111

d) 101 010

3 Quelle décomposition correspond au nombre suivant : 550 005?

a) $5 \times 10^5 + 5 \times 10^4 + 5 \times 10^0$

b) $5 \times 10^6 + 5 \times 10^5 + 5 \times 10^1$

c) $5 \times 10^5 + 5 \times 10^4 + 5 \times 10^1$

d) aucune

4 À quelle position est arrondi le nombre 382 000?

a) à l'unité de mille près

b) à la centaine de mille près

5 Quels nombres permettent de compléter cette suite?

2, 8, 4, 16, 12, _____, _____

a) 18, 14

b) 48, 44

c) 24, 20

d) 28, 24

6 Procède par estimation pour trouver le résultat de la chaîne d'opérations suivante.

795 + 13 095 + 378 = _____

a) 12 000

b) 14 000

c) 16 000

7 Procède par estimation pour trouver le résultat de la soustraction suivante.

30 205 − 8438 = _____

a) 22 000

b) 30 000

8 Quel est le résultat de cette chaîne d'opérations?

$90\,000 \times 10 \div 100 \div 100 \times 10$

a) 90

b) 9

c) 900

d) 9 000

9 Quel ensemble contient des nombres qui sont à la fois des diviseurs de 60 et des multiples de 3?

a) {3, 15, 30}

b) {3, 15, 45}

c) {1, 12, 15}

d) {12, 20, 30}

10 Quel nombre est divisible à la fois par 2, par 3, par 5 et par 10?

a) 10 305

b) 42 360

c) 33 333

d) 33 400

11 Quelle suite d'opérations représente la décomposition de 96 en un produit de facteurs premiers?

a) $2 \times 4 \times 4 \times 3$

b) $2 \times 2 \times 2 \times 2 \times 2 \times 2$

c) $2 \times 2 \times 2 \times 2 \times 6$

d) $2 \times 2 \times 2 \times 2 \times 2 \times 3$

12 Si le thermomètre indique −5 °C et qu'il y a une hausse de température de 6 degrés, combien de degrés ce thermomètre indiquera-t-il?

a) 1 °C

b) 6 °C

c) −1 °C

d) 0 °C

13 Si l'on réduit les fractions suivantes, quel ensemble obtiendra-t-on?
$\{\frac{9}{12}, \frac{9}{18}, \frac{9}{24}\}$

a) $\{\frac{3}{4}, \frac{3}{5}, \frac{3}{8}\}$

b) $\{\frac{3}{4}, \frac{1}{2}, \frac{3}{8}\}$

c) $\{\frac{3}{4}, \frac{2}{3}, \frac{3}{7}\}$

d) $\{\frac{2}{3}, \frac{1}{2}, \frac{9}{24}\}$

14 Quelles sont les 2 figures dont les parties ombrées représentent des fractions équivalentes?

A   B    C   D

a) A et B

b) B et C

c) A et D

d) D et C

15 Quel ensemble contient des expressions équivalentes?

a) $\{\frac{3}{2}, 1\frac{1}{3}\}$

b) $\{1\frac{3}{4}, \frac{7}{4}\}$

c) $\{4\frac{1}{3}, \frac{12}{3}\}$

d) $\{\frac{15}{4}, 3\frac{3}{5}\}$

16 Laquelle de ces comparaisons est fausse?

a) $\frac{1}{5} < \frac{1}{8}$

b) $\frac{6}{7} > \frac{4}{7}$

c) $\frac{6}{5} > \frac{2}{3}$

d) $\frac{2}{9} < \frac{2}{7}$

17 Quel ensemble contient deux fractions supérieures à $\frac{1}{2}$?

a) $\{\frac{3}{4}, \frac{3}{8}\}$

b) $\{\frac{7}{15}, \frac{5}{10}\}$

c) $\{\frac{4}{6}, \frac{6}{10}\}$

d) $\{\frac{2}{5}, \frac{1}{3}\}$

18 Quel est le résultat de l'opération suivante?

$\frac{2}{3} + \frac{1}{2} =$ _____

a) $\frac{1}{6}$

b) $\frac{3}{5}$

c) $1\frac{1}{6}$

19 Par quel nombre faut-il remplacer le point d'interrogation dans cette équation?

$3 \times ? \times 7 = 42$

a) 32

b) 2

c) 7

d) 6

20 Quel est le résultat de cette chaîne d'opérations?

$3 \times 9 - 24 \div 3$

a) 1

b) 18

c) 19

d) 24

21 Quel nombre contient 75 dixièmes et 6 centièmes?

a) 756

b) 75,6

c) 7,56

d) 0,756

22 Quel est le résultat de l'opération suivante?

$235,5 + 39,38 =$ _____

a) 274,88

b) 27,48

c) 629,3

23 Quel ensemble contient des expressions équivalentes?

a) $\{\frac{3}{4} \,;\, 75\,\%\}$

b) $\{0,2 \,;\, \frac{1}{2}\}$

c) $\{1,5 \,;\, 15\,\%\}$

d) $\{0,5 \,;\, 5\,\%\}$

24 Quelles sont les coordonnées du point qu'il faut ajouter dans ce plan pour former un parallélogramme?

a) (5, 3)

b) (5, 2)

c) (-5, -3)

d) (-5, -2)

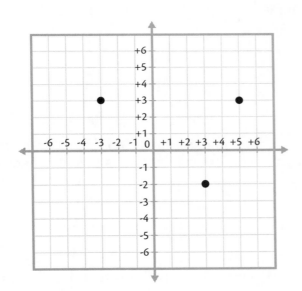

25 Quel solide possède 5 faces, 9 arêtes et 6 sommets?

a) une pyramide à base carrée

b) une pyramide à base triangulaire

c) un prisme à base triangulaire

d) un prisme à base pentagonale

26 Comment appelle-t-on un triangle qui possède les caractéristiques suivantes : deux côtés congrus et un angle de 90°?

a) un triangle rectangle

b) un triangle isocèle

c) un triangle rectangle isocèle

d) un triangle équilatéral

27 Combien de minutes sont contenues dans deux heures et un quart?

a) 75

b) 135

c) 125

d) 150

28 Quelle est la longueur d'un rectangle qui possède un périmètre de 30 cm et une largeur de 4 cm?

a) 15 cm

b) 11 cm

c) 22 cm

d) 10 cm

29 Un joueur a compté 4 buts lors d'une première partie et 5 buts lors de la deuxième. Combien de buts doit-il compter lors de la prochaine joute s'il veut conserver une moyenne de 4 buts par partie?

a) 2 buts

b) 3 buts

c) 4 buts

30 Quelle est la probabilité de tirer, d'un jeu de 52 cartes, une carte dont la valeur est inférieure à 5?

a) $\frac{16}{52}$

b) $\frac{4}{52}$

c) $\frac{10}{52}$

CULTURE GÉNÉRALE

Arts, univers social, science

Lis attentivement chaque question et entoure la lettre correspondant à la bonne réponse.

1 Comment est surnommée la Terre ?
- **a)** la planète bleue
- **b)** la planète rouge
- **c)** la planète verte
- **d)** la planète ronde

2 Qu'est-ce que la toundra ?
- **a)** une recette africaine
- **b)** un vent violent
- **c)** un type de végétation

3 Qu'est-ce que la taïga ?
- **a)** une danse russe
- **b)** un type de végétation
- **c)** un vent violent

4 Lequel des pays suivants est situé en Europe ?
- **a)** Japon
- **b)** Maroc
- **c)** Espagne

5 À quelle fréquence ont lieu les Jeux olympiques ?
- **a)** tous les deux ans
- **b)** tous les trois ans
- **c)** tous les quatre ans
- **d)** tous les cinq ans

6 Quels sont les trois pays du monde qui ont la plus grande superficie ?
- **a)** le Brésil, les États-Unis, l'Inde
- **b)** la Russie, le Canada, la Chine
- **c)** l'Australie, le Pérou, la Turquie

7 Qui était Léonard de Vinci?

   a) un chef cuisinier

   b) un musicien

   c) un peintre

8 Que dirige un maire?

   a) une ville

   b) une région

   c) un pays

9 Que signifie le sigle « ONU »?

   a) Organisation des Nations Unies

   b) Office national d'urbanisme

   c) Organisme national pour les uniformes

10 Qui était Mozart?

   a) un musicien

   b) un écrivain

   c) un peintre

11 Quel est l'organe du goût?

   a) la langue

   b) le nez

   c) les lèvres

12 Comment appelle-t-on un journal qui paraît toutes les semaines?

   a) un quotidien

   b) un hebdomadaire

   c) un mensuel

13 D'après le proverbe, qu'est-ce qui vient après la pluie?

   a) le soleil

   b) le beau temps

   c) l'arc-en-ciel

14 Comment s'appelle l'organisation internationale qui vient en aide aux victimes des guerres?

a) la Croix-Bleue

b) la Croix-Jaune

c) la Croix-Rouge

15 Qu'est-ce qu'un homme préhistorique ne peut pas avoir dans sa caverne?

a) un gourdin

b) une peau de bête

c) des allumettes

16 Combien de jours y a-t-il dans une année bissextile?

a) 364

b) 365

c) 366

17 Comment appelle-t-on un groupe d'étoiles qui forment un dessin dans le ciel?

a) une galaxie

b) une constellation

c) un astéroïde

d) un système solaire

18 Quel mot complète la liste des sens?

vue, ouïe, odorat, toucher…

a) cerveau

b) cœur

c) poumon

d) goût

19 Quel est l'intrus?

a) incisive

b) canine

c) molaire

d) polaire

20 À partir de quelle température l'eau gèle-t-elle ?

    a) −10 °C

    b)   0 °C

    c) +10 °C

21 Quelle direction l'étoile Polaire indique-t-elle ?

    a) le nord

    b) le sud

    c) l'est

    d) l'ouest

22 L'énergie éolienne est produite par :

    a) l'eau ;

    b) le vent ;

    c) le gaz ;

    d) le charbon.

23 Vrai ou faux ?

Un nomade est une personne qui se déplace beaucoup et n'a pas d'habitation fixe.

    a) vrai

    b) faux

24 Pourquoi la mer est-elle bleue ?

    a) Parce qu'elle est salée.

    b) Parce que le fond est bleu.

    c) Parce que le ciel s'y reflète.

25 Quelle est la conséquence de l'effet de serre sur la Terre ?

    a) son refroidissement

    b) son réchauffement

    c) son rétrécissement

26 De quoi la colombe est-elle l'emblème ?

    a) de la paix

    b) de l'amour

    c) de la joie

27 Sur une carte géographique, où est le sud-est?

a) en haut à droite

b) en haut à gauche

c) en bas à droite

d) en bas à gauche

28 Avec quelle ressource naturelle peut-on produire de l'électricité?

a) l'eau

b) le fer

c) la terre

29 Comment appelle-t-on les êtres imaginaires dont le haut du corps est celui d'une femme et le bas du corps, une queue de poisson?

a) des sirènes

b) des elfes

c) des ondines

30 Qu'est-ce que la Maison Blanche?

a) le siège de la présidence en France

b) le siège de la présidence aux États-Unis

c) le siège de la présidence au Canada

31 Combien de jours y a-t-il au mois de février dans une année bissextile?

a) 28

b) 29

c) 30

32 Vrai ou faux?

Les voitures électriques sont plus polluantes que les voitures à essence.

a) vrai

b) faux

33 En 1969, où l'homme posa-t-il le pied pour la première fois?

a) sur Mars

b) sur la Lune

c) sur Vénus

d) sur Pluton

34 Je déplace ma tour de trois cases. À quel jeu est-ce que je joue?

   a) aux dames

   b) au rami

   c) aux échecs

   d) au Monopoly

35 Combien d'années dure un siècle?

   a) 10 ans

   b) 100 ans

   c) 1 000 ans

36 Quel animal est surnommé le roi des animaux?

   a) l'aigle

   b) le tigre

   c) le lion

   d) l'éléphant

37 Combien de semaines y a-t-il dans une année?

   a) 50

   b) 51

   c) 52

   d) 53

38 Qu'est-ce qui n'est pas une ressource naturelle?

   a) le bois

   b) le pétrole

   c) l'eau

   d) l'électricité

39 À quel siècle se situe l'année 1850?

   a) au 17e siècle

   b) au 18e siècle

   c) au 19e siècle

   d) au 20e siècle

40 Comment s'écrit le nombre 15 en chiffres romains?

a) XIIIII

b) VX

c) XV

d) XIV

41 Qui était Walt Disney?

a) un musicien

b) un homme politique

c) un cinéaste

d) un comédien

42 Par quel peuple de l'Antiquité ont été construites les pyramides?

a) les Grecs

b) les Égyptiens

c) les Romains

43 Vrai ou faux?

Les empreintes digitales sont différentes d'un être humain à l'autre.

a) vrai

b) faux

44 À partir de quel produit fabrique-t-on du vin?

a) du raisin

b) du blé

c) de la pomme

45 Lequel des animaux suivants n'est pas un mammifère?

a) le cheval

b) le dauphin

c) l'autruche

d) la panthère

46 Lequel des animaux suivants n'est pas un herbivore?

a) la vache

b) le mouton

c) le lapin

d) la grenouille

47 Lequel des personnages suivants n'était pas musicien?

a) Beethoven

b) Picasso

c) Bach

d) Vivaldi

48 Lequel des mots suivants ne désigne pas un style de musique?

a) le rap

b) le jazz

c) le reggae

d) le sumo

49 Que sont le gruyère, le brie, le cheddar et la mozzarella?

a) des desserts

b) des fromages

c) des vins

50 Dans une monarchie, qui est le chef de l'État?

a) un roi

b) un président

c) un premier ministre

HABILETÉS LOGIQUES

Logique numérique, verbale et visuelle

> Lis attentivement chaque question et entoure la lettre correspondant à la bonne réponse.

1 Si l'on additionne les chiffres pairs du nombre 326 569, on obtient :

a) 14 ;

b) 17.

2 Je veux faire une salade de fruits. Il y a dans le réfrigérateur des pommes, des bleuets, des fraises, des oranges, un ananas et des bananes. Marie déteste les oranges, les fruits préférés de Cédric sont les oranges et l'ananas, Bernadette est allergique aux fraises et aux bleuets. Avec quels fruits devrai-je faire une salade pour que tout le monde soit content ?

a) pommes, bleuets, ananas

b) fraises, ananas, bananes

c) pommes, oranges, ananas

d) pommes, ananas, bananes

3 Quelle est la figure manquante ?

a)

b)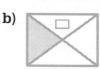

c)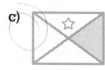

4 Combien de minutes s'écoulent entre 8 h 55 et 9 h 10 ?

a) 5

b) 10

c) 15

Réussir l'examen d'entrée au secondaire – *Examen modèle*

5 Dans l'alphabet, quelle lettre suit celle qui précède le L?

   a) K

   b) L

   c) M

6 Léa est moins grande que Marie et plus grande que Sophie. Dans quel ordre sont-elles si on les place de la plus petite à la plus grande?

   a) Léa, Marie, Sophie

   b) Sophie, Marie, Léa

   c) Sophie, Léa, Marie

7 Quel nombre continue la suite?

2, 4, 7, 11…

   a) 15

   b) 16

   c) 17

8 Le mot CHAUSSURE se lit à l'envers:

   a) REUSSUAHC;

   b) ERUSSUAHC;

   c) ERUSUSUAHC;

   d) ERUSSUACH.

9 Vrai ou faux?

Les mots suivants contiennent les mêmes lettres.

respect, sceptre, spectre

   a) vrai

   b) faux

10 Quel nombre est la moitié du tiers de 30?

   a) 5

   b) 10

   c) 15

   d) 20

11 Quel mot ne va pas avec les autres?

a) répandre

b) propager

c) restreindre

d) dilater

12 Quel est le contraire de **chancelant**?

a) stable

b) instable

c) vacillant

d) oscillant

13 Les nombres ci-dessous vont ensemble selon une même règle. Découvre d'abord cette règle, puis trouve le nombre qui remplace le point d'interrogation.

2, 4   4, 16   6, ?

a) 8

b) 36

c) 18

d) 4

14 Lequel des nombres suivants s'écrit avec le plus de lettres?

a) quatre-vingt-quatorze

b) quatre-vingt-quinze

c) quatre-vingt-dix-neuf

15 Quel mot ne va pas avec les autres?

a) dissimuler

b) masquer

c) afficher

d) couvrir

16 Vrai ou faux?

Deux tiers de pizza, c'est plus grand que trois quarts de pizza.

a) vrai

b) faux

17 Le volant est à la voiture ce que le gouvernail est au :

a) bateau ;

b) camion ;

c) train ;

d) métro.

18 Quelle phrase est cachée dans ces lettres ?

$$\frac{\text{PSON}}{\text{GD}}$$

a) Papa a son grand dromadaire.

b) J'ai des soupçons.

c) Pas de danger !

19 L'aéroport est à l'avion ce que la gare est au :

a) voyage ;

b) bagage ;

c) train ;

d) bateau.

20 Un prestidigitateur me tend, sans me les montrer, les quatre as d'un jeu de cartes. Combien ai-je de chances de tirer un as noir ?

a) 1 chance

b) 2 chances

c) 3 chances

21 Quel groupe de lettres continue la suite ?

ABZY   CDXW   EFVU

a) GHST

b) GHTS

c) HGST